SIMPLY

GENETIK

BERATER UND MITARBEITER
Derek Harvey ist ein Naturforscher mit besonderem Interesse an der Evolutionsbiologie. Er schloss sein Studium der Zoologie an der Universität von Liverpool in Großbritannien ab und führte Exkursionen für Studenten nach Costa Rica, Madagaskar und Australasien durch. Derek arbeitet nun vor allem als Autor und Berater für wissenschaftliche und naturgeschichtliche Bücher.

MITARBEITERIN
Jo Locke ist eine erfahrene Beraterin und Autorin im Bildungsbereich. Sie hat an der Universität von Bath, Großbritannien, Biologie studiert und ist für ihre Beiträge zur wissenschaftlichen Bildung bekannt, insbesondere bei der Entwicklung von motivierenden und effektiven Lehrmaterialien für Studenten.

INHALT

DIE **GENETISCHE LANDSCHAFT**

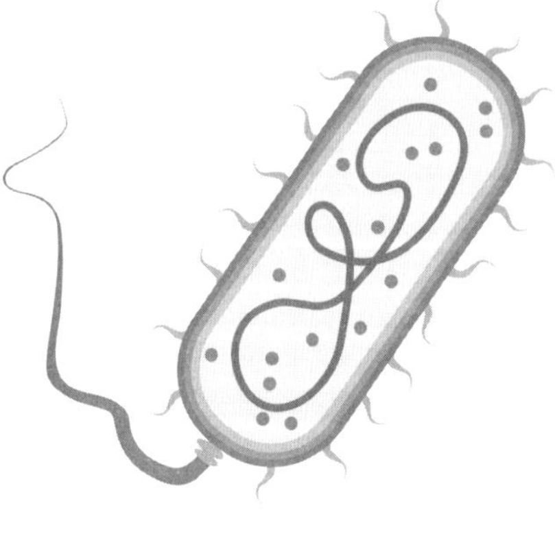

ERFORSCHUNG DER VERERBUNG

VARIATION

DAS **DNA-MOLEKÜL**

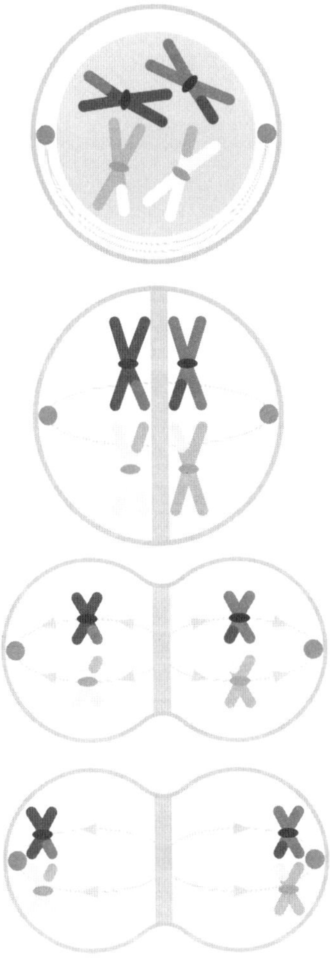

GENE UND **FORTPFLANZUNG**

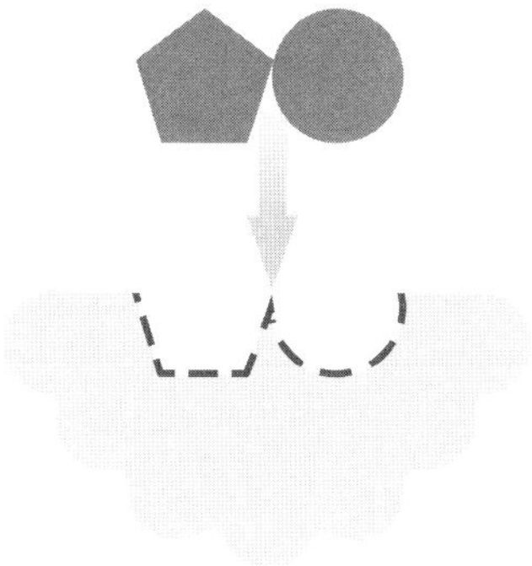

DIE **FUNKTION** DER **GENE**

GENE MIT **FEHLFUNKTION**

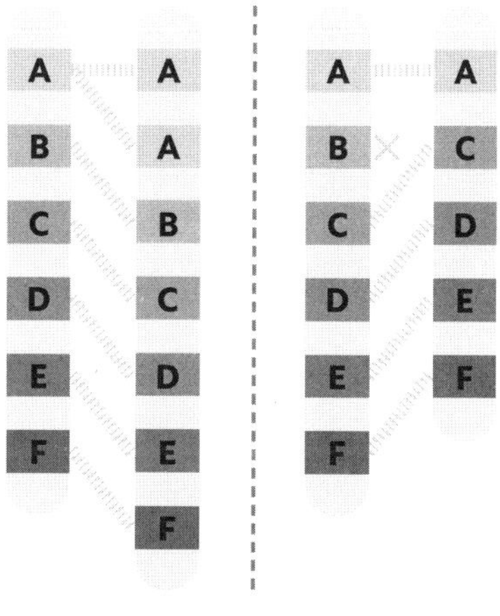

POPULATIONS-GENETIK UND **EVOLUTION**

GEN-MANIPULATION

WAS IST GENETIK?

Die Welt des Lebens zeichnet sich sowohl durch ihre Geschlossenheit als auch durch ihre Diversität aus. Organismen, die so unterschiedlich wie Bäume und Trüffel, Bakterien und Affen sind, teilen ein gemeinsames Erbe, das unter dem Mikroskop oder durch chemische Analyse nachweisbar ist. Sie alle bestehen aus Zellen, die DNA enthalten – das berühmte Doppelhelixmolekül, das unsere Eigenschaften bestimmt. In seiner Struktur ist der Code enthalten, der das Wesen alles Lebendigen definiert.

Im Jahr 1909 prägte der dänische Biologe Wilhelm Johannsen den Begriff »Gen« (abgeleitet vom griechischen *Genos*, das »Ursprung« bedeutet), um den chemischen Faktor zu beschreiben, der ein vererbtes Merkmal bestimmt. Das war nahezu ein halbes Jahrhundert, nachdem ein österreichischer Mönch namens Gregor Mendel vorgeschlagen hatte, dass solch ein Faktor die Vererbungsmuster bei Erbsen erklären könne, und ein halbes Jahrhundert, bevor Wissenschaftler in Cambridge und London die physikalische Basis der Gene in der DNA fanden. Auf Johannsens Begriff geht auch die Bezeichnung eines neuen Zweigs der Biologie zurück, der sich auf die Vererbung konzentriert: die Genetik.

Heute führen Genetikerinnen und Genetiker die Arbeit dieser frühen Pioniere in den Feldern der Evolutionsbiologie, der Medizin, der Landwirtschaft, des Bioengineering und weiterer fort. Sie studieren die in diesem Buch vorgestellten Aspekte der Genetik – von den Prinzipien der Vererbung und der biologischen Variabilität bis zur Basis der Veränderung durch Entwicklung und Evolution. Und während sie das Verständnis der lebenden Welt verbessern, können mit modernen Techniken vertraute Genetiker weiter als je zuvor vordringen – indem sie Gene zur Heilung von Krankheiten manipulieren, Organismen und ihre Produkte maßschneidern und sogar die Wiederauferstehung ausgestorbenen Lebens ins Auge fassen.

DIE
GENETI
LANDSC

SCHE HAFT

Genetik ist die biologische Wissenschaft von der Vererbung. Sie untersucht, wie Merkmale über die Generationen hinweg weitergegeben werden und wie sie für die Vielfalt der Lebewesen sorgen. Von Molekülen und Zellen über Körper und Populationen erklärt die Genetik, wie winzig kleine, vererbbare »Faktoren« oder Gene den physischen Aufbau und das Verhalten von Organismen sowie die Unterschiede zwischen Individuen und Arten bestimmen können. Molekulare Mechanismen sorgen für die Kontinuität des Lebens: Gene bestehen aus einer besonderen Substanz namens DNA (Desoxyribonukleinsäure), die das Wachstum, die Reproduktion und die Evolution von Organismen prägt.

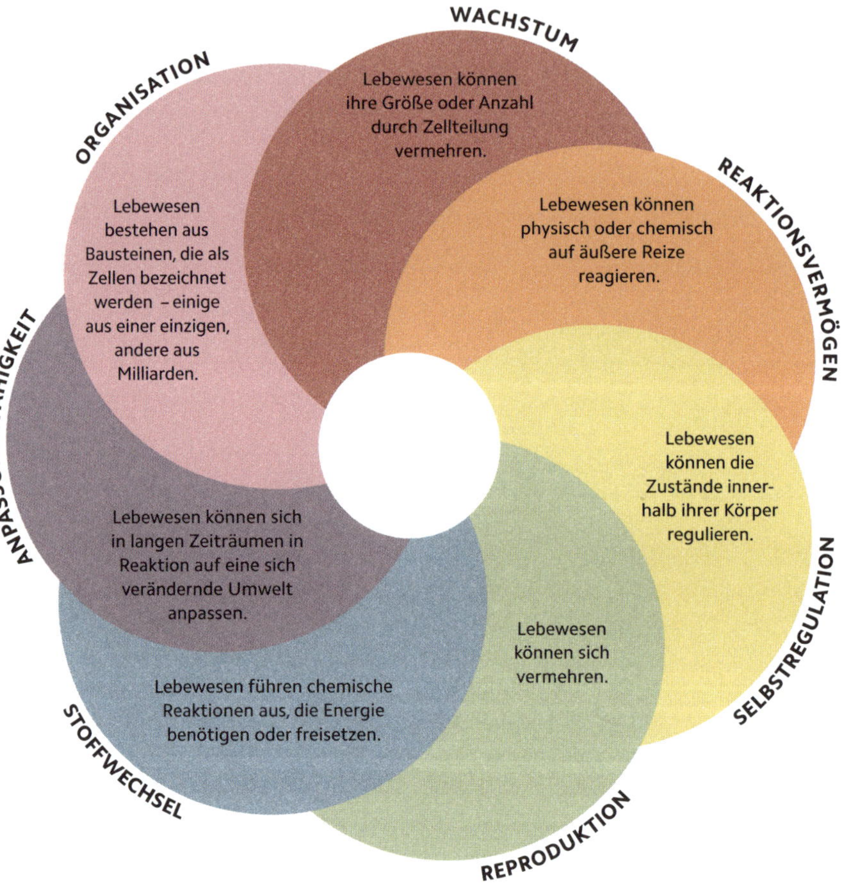

GENE UND LEBEN

Lebewesen besitzen Eigenschaften, die unbelebten Dingen fehlen. Vor allem können sie sich vermehren und ihre physischen und biochemischen Eigenschaften sowie ihr Verhalten an ihre Nachkommen weitergeben. Die dazu benötigten Informationen werden von den Genen in jeder Zelle des Körpers codiert und vererbt. Diese Informationen können im Verlauf der Generationen verändert werden, sodass sich das Leben an Veränderungen in seiner Umwelt anpassen kann.

EINE FRAGE DER ZUCHT

Ein bestimmtes Lebewesen besitzt einen Satz von Genen (das Genom), die dessen Eigenschaften bestimmt. Dieser Organismus kann sich nur mit anderen vermehren, deren Genom mit seinem (zumindest weitgehend) übereinstimmt. Organismen, die miteinander fruchtbare Nachkommen erzeugen können, ordnet man in der Regel der gleichen Art zu. Manchmal paaren sich auch nah verwandte Arten, doch ihre Nachkommen sind oft unfruchtbar.

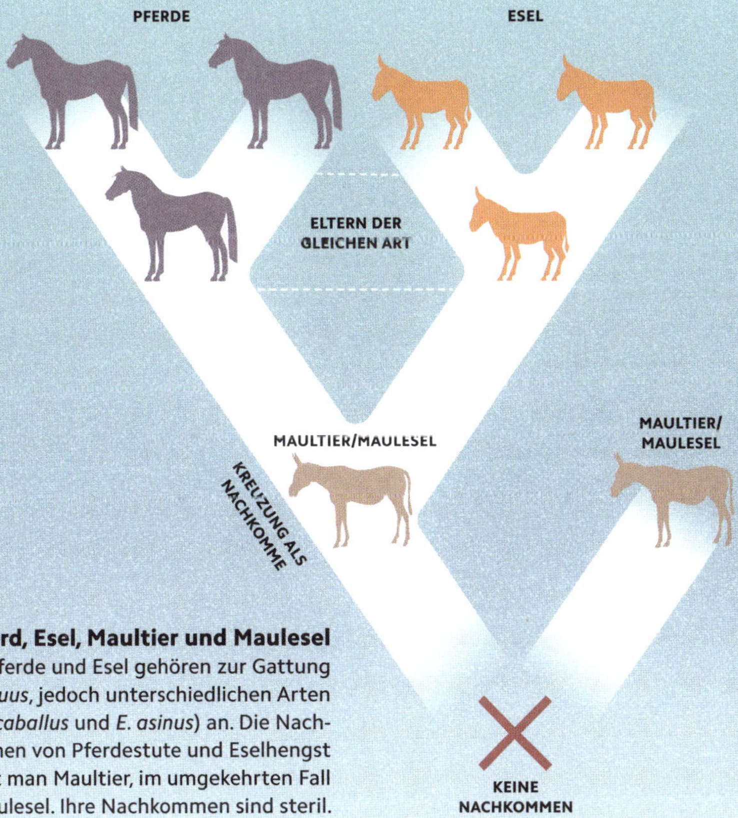

Pferd, Esel, Maultier und Maulesel
Pferde und Esel gehören zur Gattung *Equus*, jedoch unterschiedlichen Arten (*E. caballus* und *E. asinus*) an. Die Nachkommen von Pferdestute und Eselhengst nennt man Maultier, im umgekehrten Fall Maulesel. Ihre Nachkommen sind steril.

DIE VIELFALT DES LEBENS

Wissenschaftler haben über 2 Mio. Arten von Lebewesen beschrieben, und geschätzte 10 Mio. sind noch nicht benannt worden. Lebewesen können aufgrund ihrer Eigenschaften in Reiche (das vorgestellte Modell ist nur eins davon) eingeteilt werden. Diese Reiche umfassen Organismen verschiedener Größen, Formen und Lebensweisen: von weniger als ein Tausendstel Millimeter großen Bakterien bis zu gewaltigen Pottwalen und Bäumen. Die Vielfalt des Lebens beruht auf den Eigenschaften des genetischen Materials, das von Generation zu Generation evolutionäre Veränderungen ermöglicht.

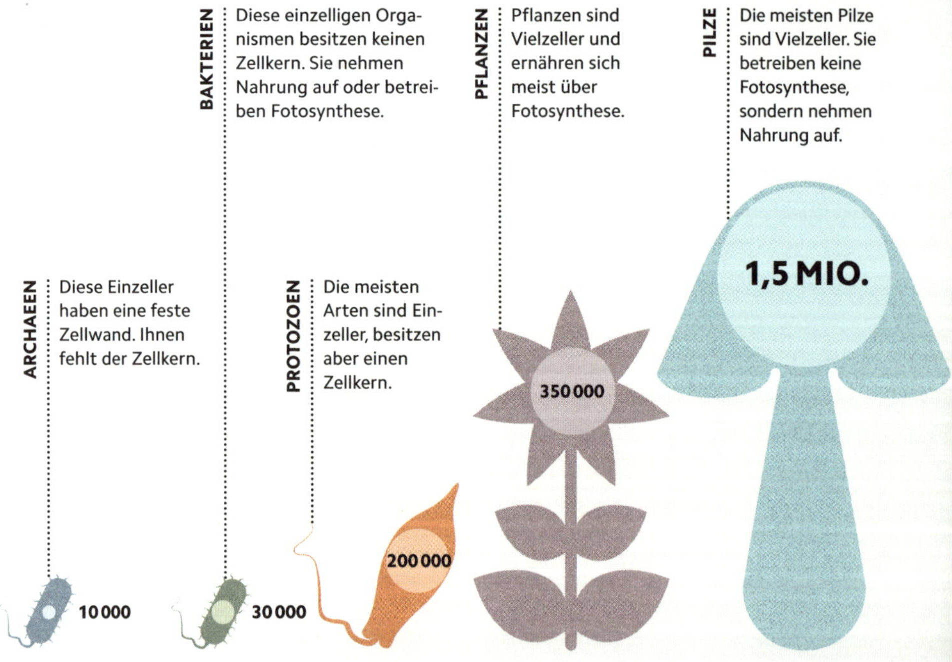

Reiche
Die geschätzten Zahlen der Lebewesen in jedem Reich geben nur wieder, wie intensiv es untersucht worden ist. Einige Biologen und Biologinnen gehen von insgesamt mehr als 2 Mrd. Arten aus.

Heutige Arten sind nur ein winziger Teil der biologischen Vielfalt. Über 99 Prozent aller Pflanzen- und Tierarten sind ausgestorben.

TIERE
Tiere sind vielzellige Organismen mit Nerven und Muskeln. Sie verzehren Nahrung.

BAUSTEINE DES LEBENS

Alle Lebewesen bestehen aus den als Zellen bezeichneten Bausteinen. Komplexe Organismen wie Menschen besitzen Billionen von Zellen, während einfachere wie die Bakterien und Protozoen (siehe S. 12–13) als einzelne Zelle leben. Zellen verleihen dem Körper eine Struktur, nehmen Nahrung auf, verarbeiten sie und liefern die Energie, um Bewegung, Wachstum, Entwicklung und Vermehrung zu ermöglichen. Jede Zelle enthält DNA – das Material, das die Funktionen der Zelle steuert und es ihr ermöglicht, sich zu vermehren.

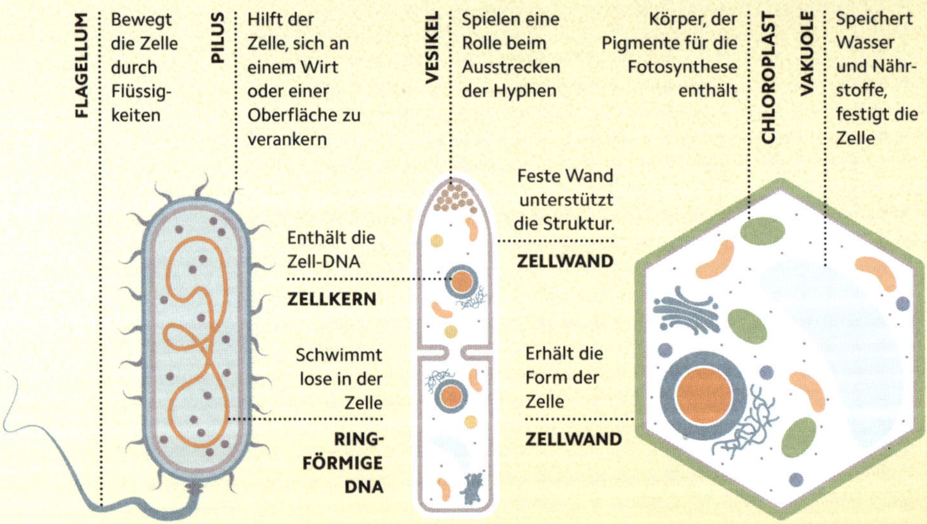

Bakterienzelle
Bakterien sind Prokaryoten. Sie besitzen keinen Zellkern (Nukleus) und haben eine einfachere Struktur als andere Zellen.

Pilzzelle
Pilzzellen bilden lange Fäden, die Hyphen. Sie geben Enzyme ab, die organisches Material verdauen können.

Pflanzenzelle
Pflanzenzellen haben feste, aus Zellulose bestehende Wände. Sie können durch Fotosynthese eigene Nahrung erzeugen.

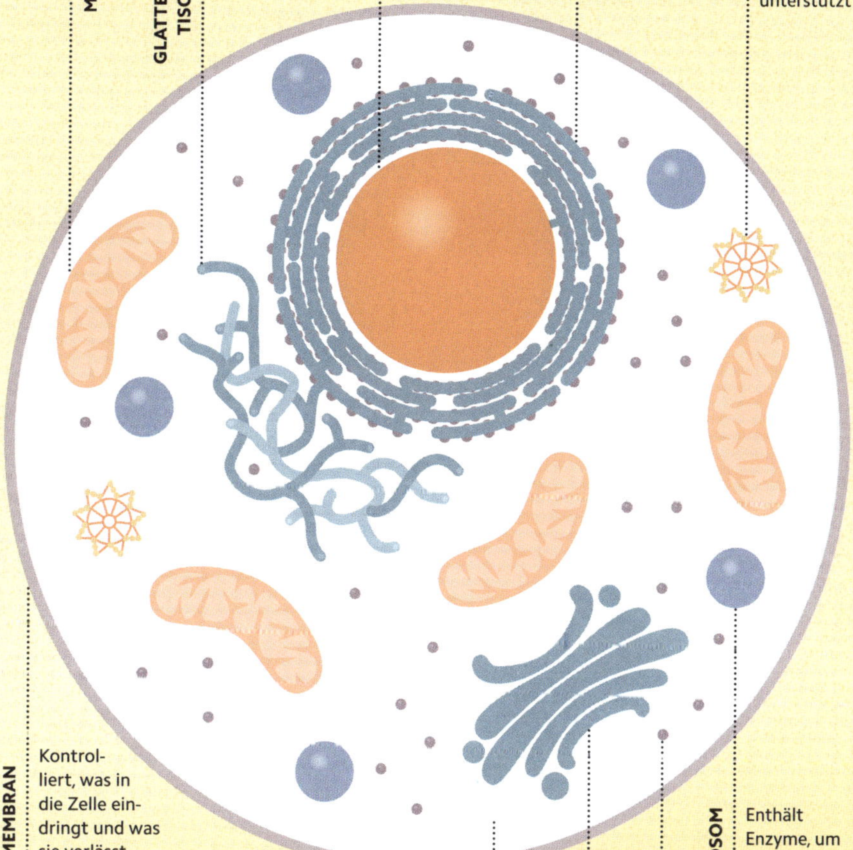

Tierzelle
Wie Pilz- und Pflanzenzellen sind Tierzellen eukaryotisch – ihr Erbmaterial ist in einem Zellkern enthalten. Tierzellen haben keine festen Zellwände. Strukturen (Organellen) im Cytoplasma übernehmen besondere Rollen.

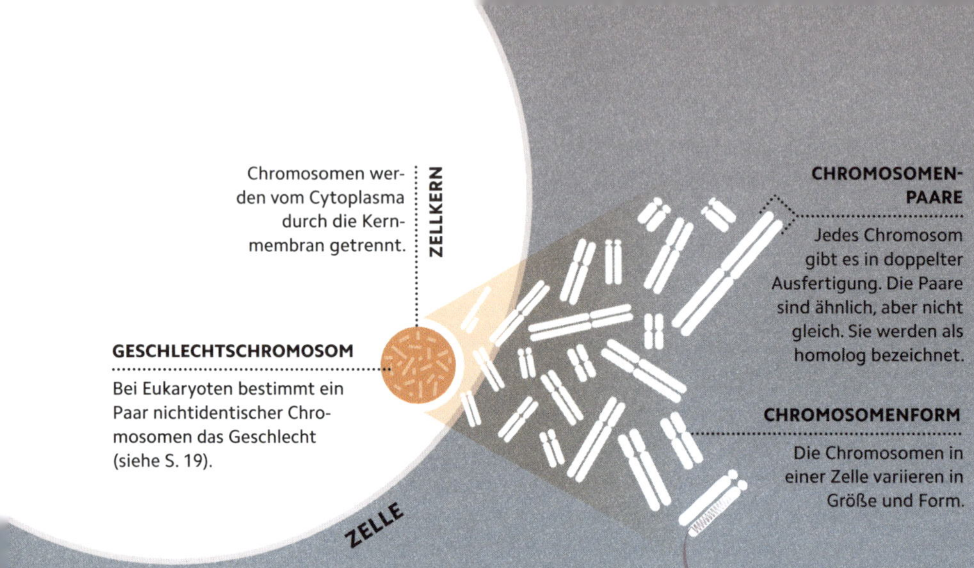

DER DATENSPEICHER

Der Zellkern in fast jeder Zelle eines eukaryotischen Organismus (siehe S. 14–15) enthält eine Kopie seiner genetischen Information. Sie wird in Form der langen, leiterähnlichen Moleküle der DNA (Desoxyribonukleinsäure) gespeichert. In eukaryotischen Zellen ist die DNA in Strukturen verpackt, die als Chromosomen bezeichnet werden. Die Zahl der Chromosomen hängt von der Art (siehe S. 18) ab, meist treten sie jedoch paarweise auf – von jedem Elternteil wird eins bei der sexuellen Fortpflanzung vererbt.

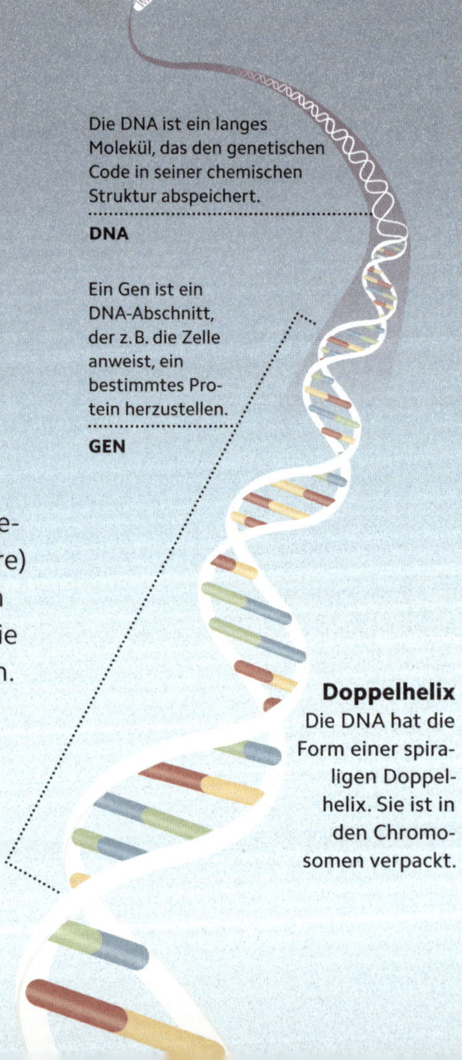

VOM GEN ZUM PROTEIN

Ein Gen ist ein Abschnitt der DNA. Darin sind Anweisungen zur Herstellung eines bestimmten Proteins und der Zeitpunkt der Produktion codiert. Proteine (Eiweiße) sind lange, komplexe organische Moleküle, die eine entscheidende Rolle im Körper spielen (siehe S. 85–87). Einige dienen als Bausteine, andere kontrollieren lebenswichtige chemische Prozesse. Gene steuern die Herstellung verschiedener Proteine in einer Zelle durch die Prozesse der Transkription und Translation (siehe S. 90–93).

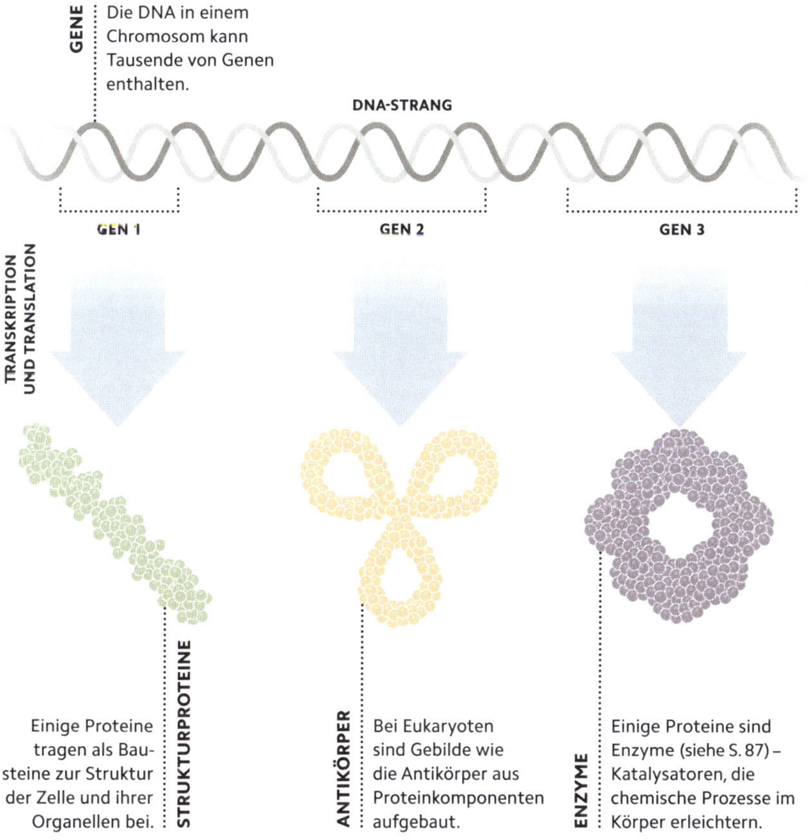

MEHR ODER WENIGER

Alle Individuen einer Art haben die gleiche Anzahl von Chromosomen und einen gleichen (aber nicht identischen) Satz von Genen. Arten unterscheiden sich sehr in der Zahl ihrer Chromosomen und Gene. Bei den meisten Tieren liegen die Chromosomen als Paare vor, doch einige, etwa männliche Bienen oder Ameisen, haben nur einen Chromosomensatz, da sie eingeschlechtlich entstanden sind (siehe S. 22 und S. 67). Einige Pflanzen besitzen viele Kopien des gleichen Chromosoms (siehe S. 130).

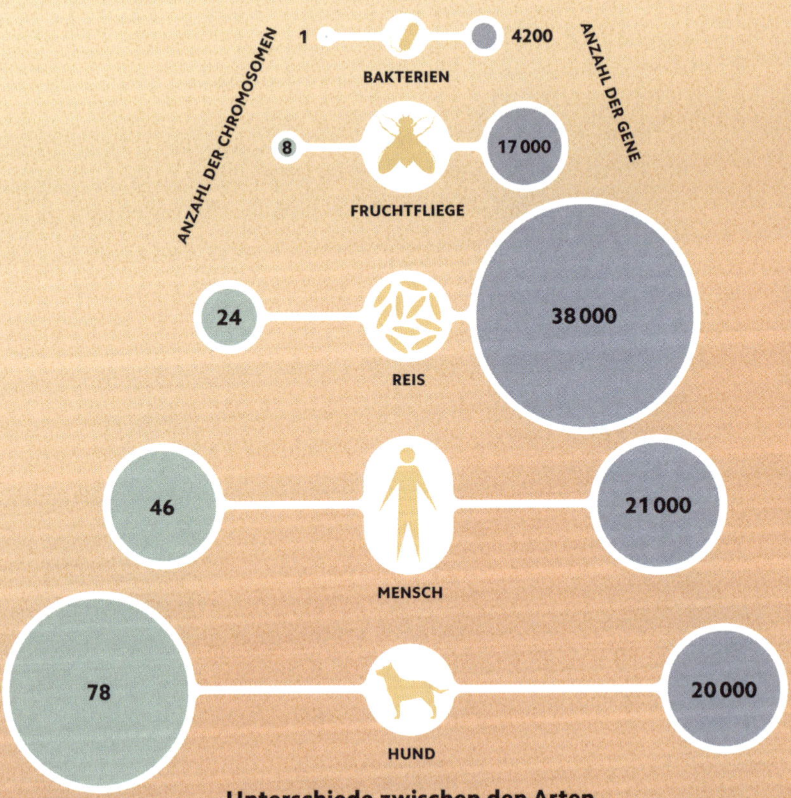

Unterschiede zwischen den Arten
Die Zahl der Chromosomen in einer Zelle einer bestimmten Art verhält sich nicht proportional zur Anzahl ihrer Gene.

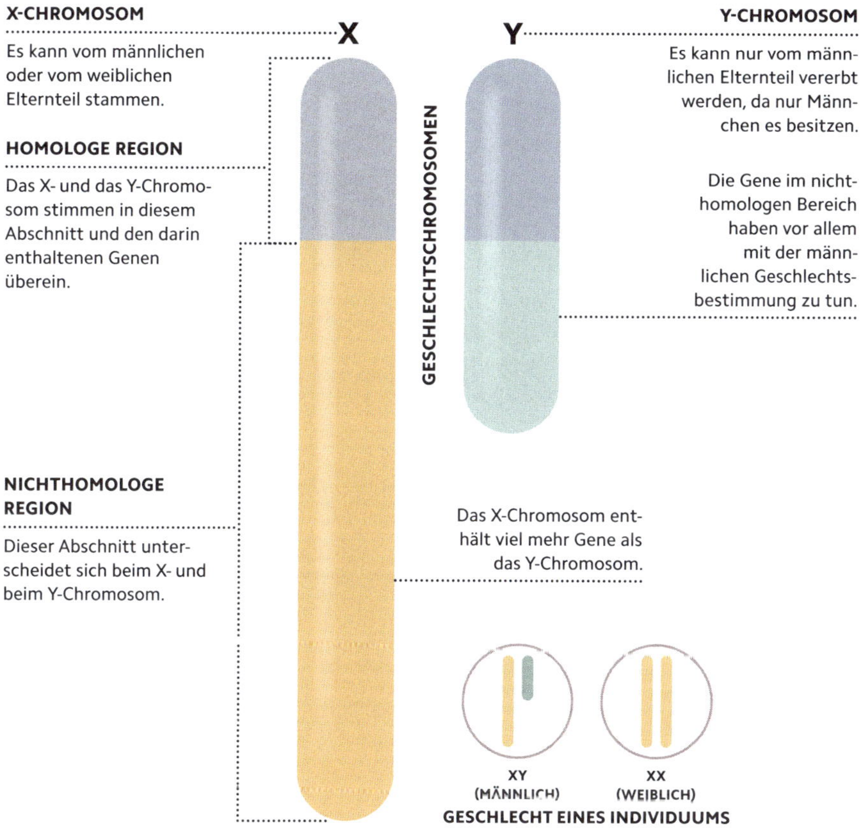

EINE FRAGE DES GESCHLECHTS

Die meisten Tiere und Pflanzen besitzen zwei Ausführungen eines jeden Chromosoms – eine von jedem Elternteil. Die Chromosomen eines jeden Paars gleichen sich in Form und Größe. Sie enthalten auch gleiche Gene. Die Chromosomen, die das Geschlecht bestimmen, können jedoch als gleiches oder unterschiedliches Paar auftreten. Bei Säugetieren wie dem Menschen haben Weibchen ein Paar gleicher Chromosomen (XX), die Männchen ein Paar verschiedener (XY).

CHROMOSOMENMUSTER

Chromosomen kann man anfärben und unter dem Mikroskop betrachten. Dann erkennt man, dass sich Arten in der Zahl der Chromosomen, aber auch in ihren Längen, Formen und Banden unterscheiden können. Ein Abbild der nach Größen angeordneten Chromosomen einer Art wird als Karyotyp bezeichnet. Frühe Genetikerinnen und Genetiker verglichen die Karyotypen und entdeckten Ähnlichkeiten bei verwandten Arten.

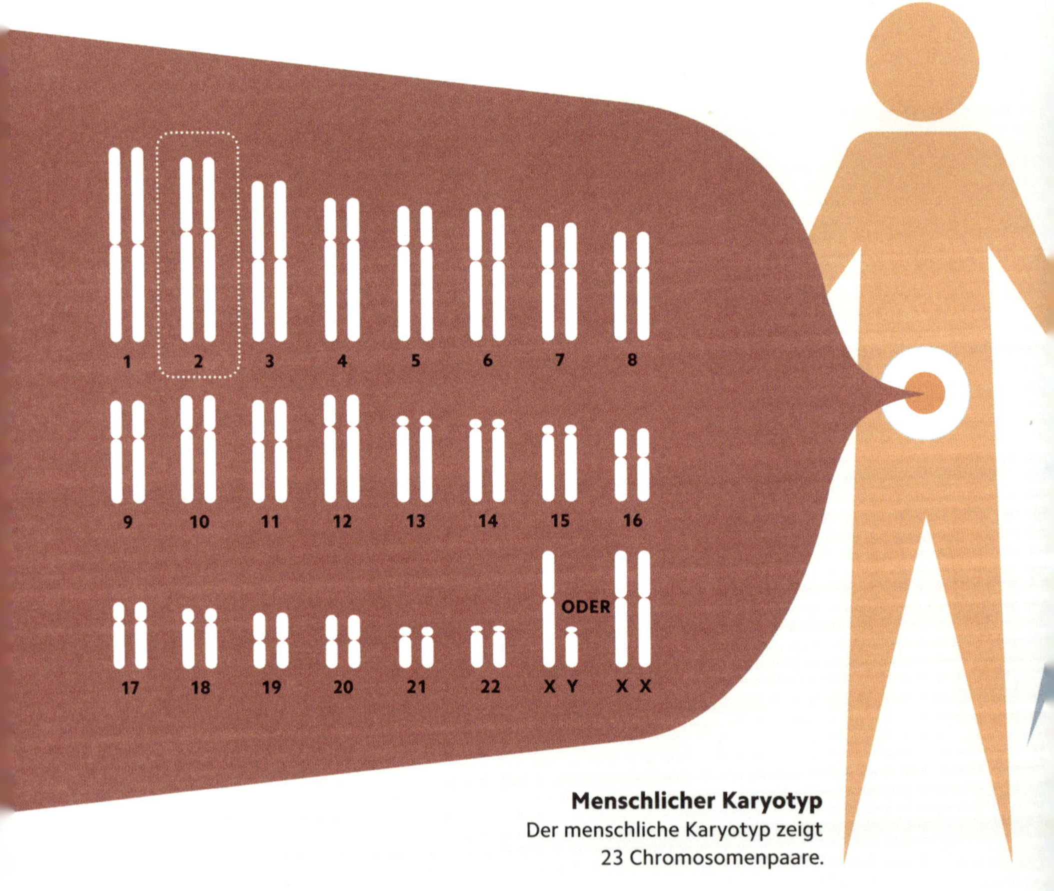

Menschlicher Karyotyp
Der menschliche Karyotyp zeigt 23 Chromosomenpaare.

Menschen und Schimpansen stammen von einem Vorfahren ab, der vor etwa 6 Mio. Jahren lebte.

Die Chromosomen 2A und 2B verschmolzen während der Evolution des Menschen, blieben aber beim Schimpansen getrennt.

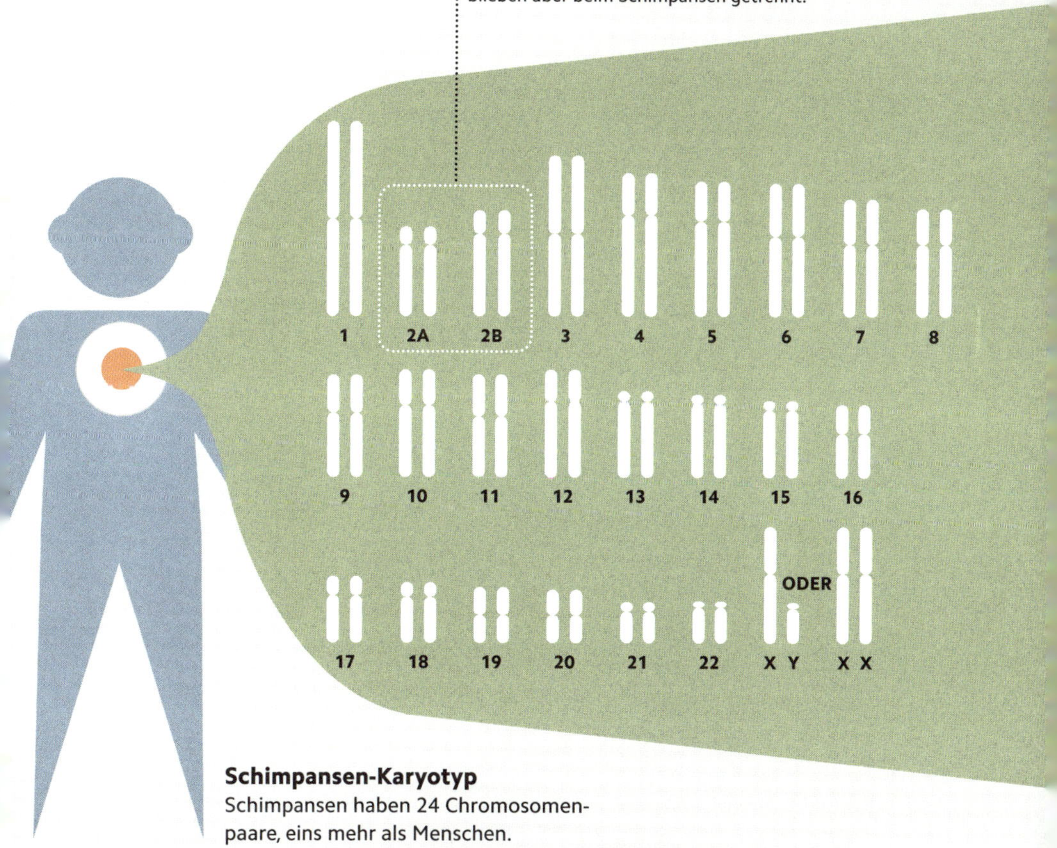

Schimpansen-Karyotyp
Schimpansen haben 24 Chromosomenpaare, eins mehr als Menschen.

Ungeschlechtliche Fortpflanzung
Bei manchen Organismen können neue Individuen ohne Beteiligung von Geschlechtszellen (Spermien, Eier, Pollen) entstehen. Bakterien- oder Amöbenzellen teilen sich, während andere Tiere neue Individuen aus Teilen oder Knospen entwickeln. Pflanzen können aus Teilungen von Zwiebeln oder durch Ausläufer entstehen.

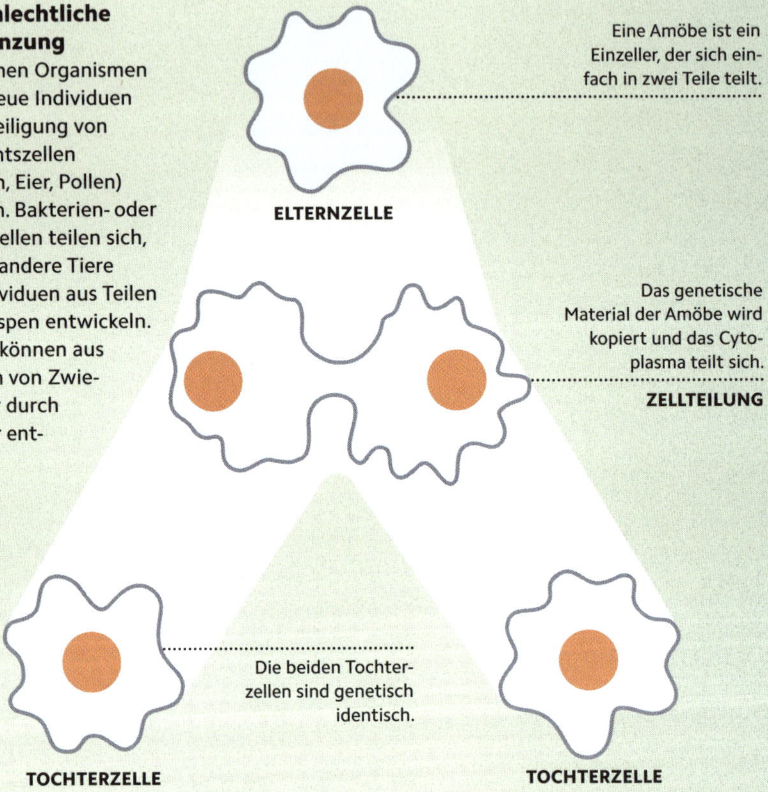

KONTINUITÄT DES LEBENS

Das Leben entsteht nicht aus dem Nichts. Die Individuen einer Generation wachsen und vermehren sich. Lebewesen bestehen aus Zellen, und die Teilung dieser Zellen erzeugt neues Leben. Einige Organismen entstehen, wenn aus der Zellteilung identische Nachkommen hervorgehen. Das nennt sich ungeschlechtliche Fortpflanzung. Die meisten Organismen entstehen jedoch aus sexueller Fortpflanzung, zu der die Verschmelzung spezieller Keimzellen, der Gameten, gehört.

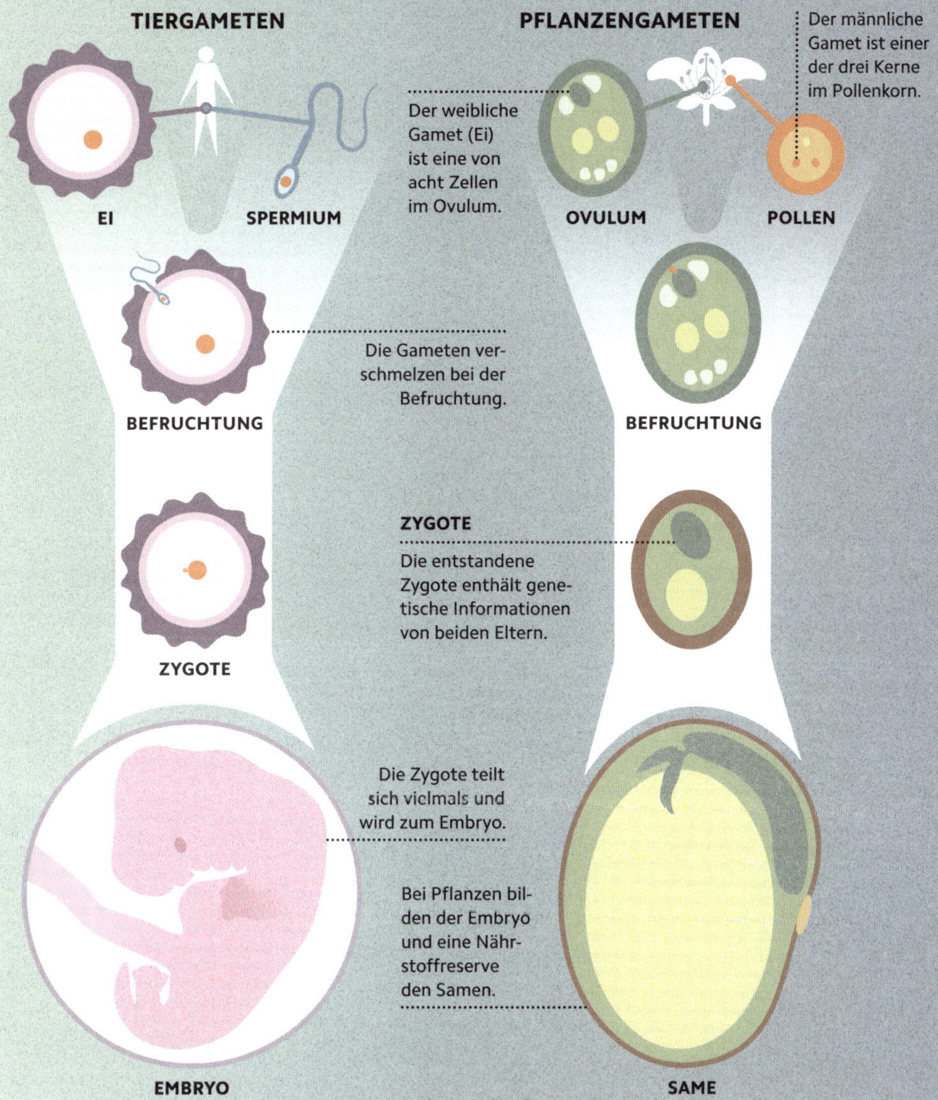

Sexuelle Reproduktion

Die meisten Pflanzen und Tiere vermehren sich durch sexuelle Fortpflanzung, auch wenn dazu die Entwicklung spezieller Keimzellen nötig ist (siehe S. 24). Der Vorteil ist die genetische Vielfalt der Nachkommen (siehe S. 78–81).

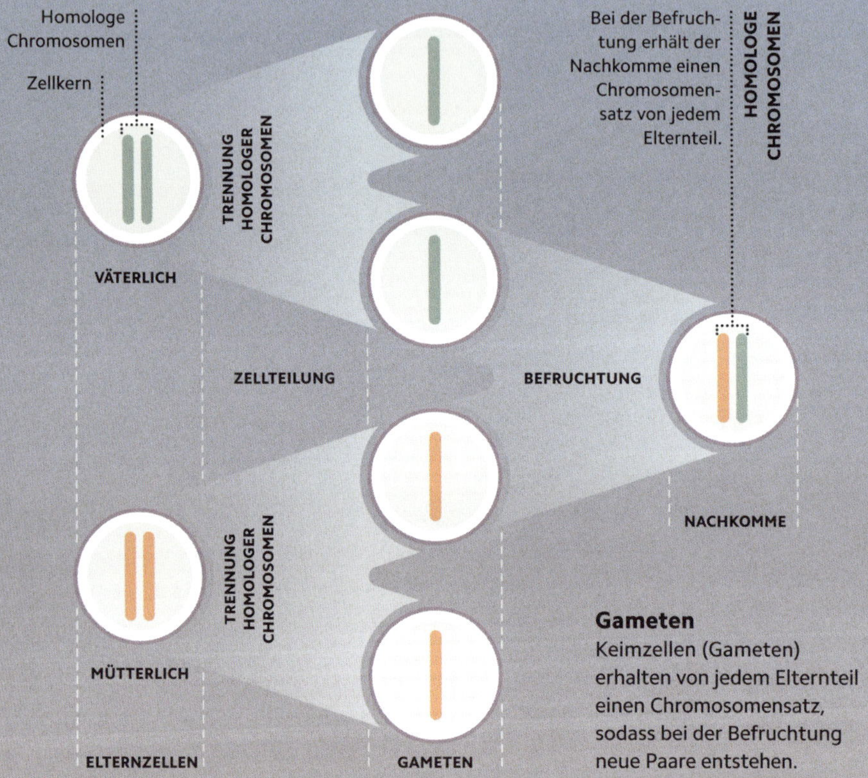

Gameten
Keimzellen (Gameten) erhalten von jedem Elternteil einen Chromosomensatz, sodass bei der Befruchtung neue Paare entstehen.

HALB UND HALB

Sich sexuell fortpflanzende Organismen erben von jedem Elternteil einen Satz Gene. Sie besitzen zwei Kopien von jedem Chromosom – eine vom mütterlichen und eine vom väterlichen Elternteil. Diese homologen Paare stimmen in Form und Größe überein. Sie enthalten die gleichen Gene an den gleichen Positionen (mit Ausnahme der Geschlechtschromosomen; siehe S. 19). Homologe Chromosomen müssen getrennt werden, wenn die Geschlechtszellen gebildet werden, sonst würden sich die Chromosomenzahlen mit jeder Generation verdoppeln.

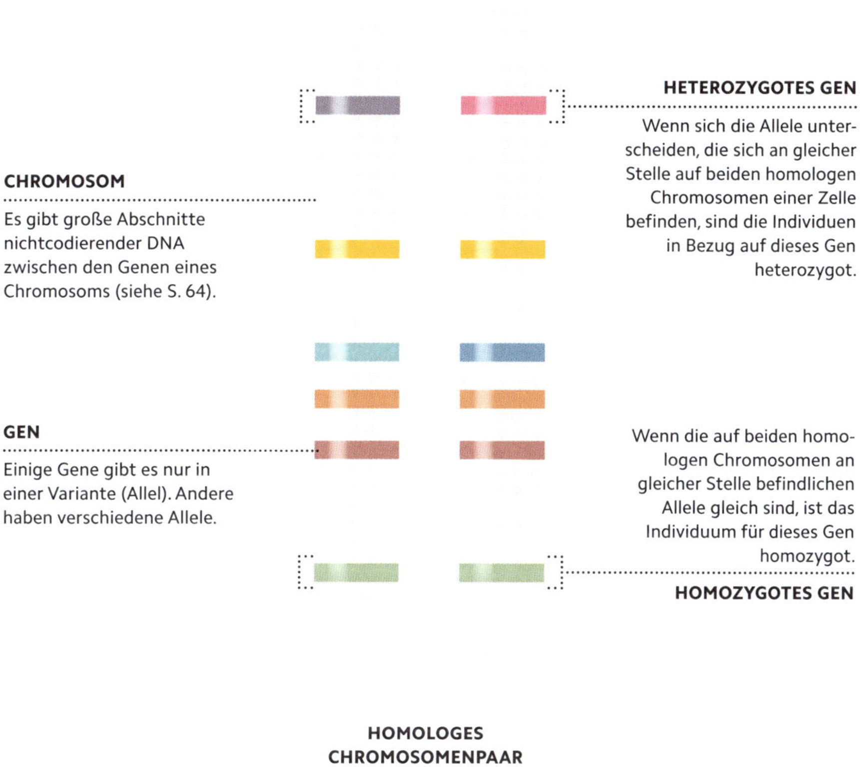

GENVARIATIONEN

Einige Gene kommen in verschiedenen Ausprägungen vor, die man als Allele bezeichnet. Erbsen besitzen zum Beispiel ein Gen, das ihre Blütenfarbe bestimmt, die weiß oder violett sein kann. Das ist so, weil es zwei Varianten des Blütenfarben-Gens gibt – Weiß und Violett (siehe S. 36–37). Die Pflanze besitzt jedes Chromosom und damit jedes Gen in doppelter Ausführung. Wenn nun die Allele auf beiden Chromosomen gleich sind, ist die Pflanze für dieses Gen homozygot, wenn sie sich unterscheiden, ist sie heterozygot.

INTERAKTIONEN DER ALLELE

Sich sexuell fortpflanzende Organismen besitzen zwei Kopien eines jeden Gens. Diese Allele (siehe S. 25) können sich unterscheiden und damit unterschiedliche Merkmale ausprägen. Trägt ein Individuum zwei verschiedene Allele, kann das eine die Auswirkungen des anderen überdecken. Die in diesem dominanten Allel angelegten Merkmale werden ausgeprägt, die des anderen, rezessiven Allels unterdrückt.

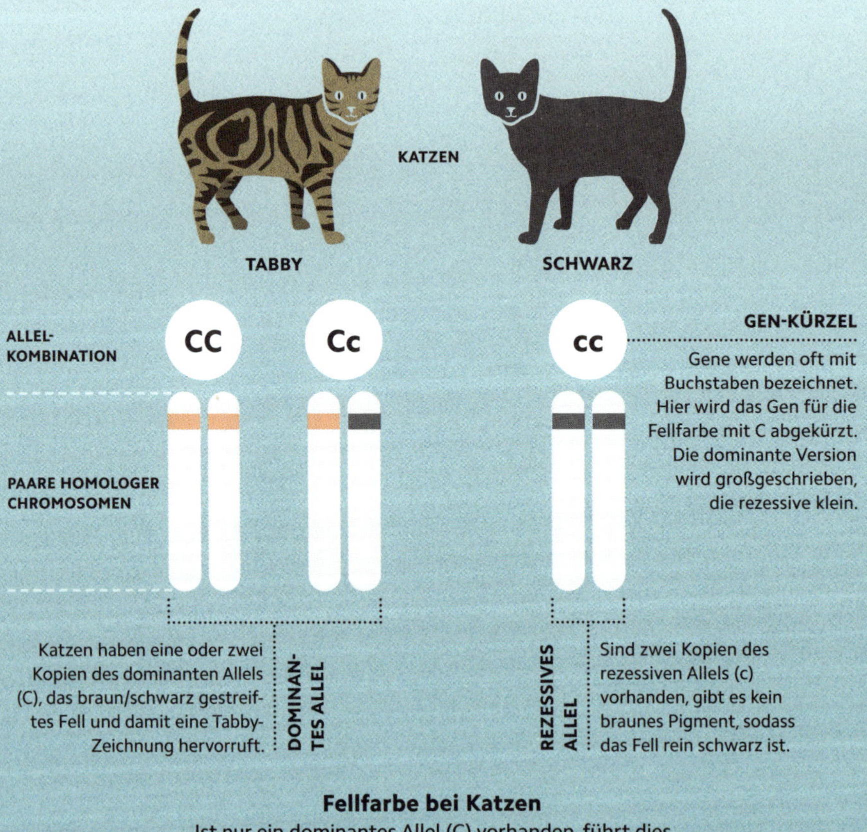

Fellfarbe bei Katzen
Ist nur ein dominantes Allel (C) vorhanden, führt dies zur Tabby-Farbe bei Katzen. Die schwarze Farbe wird durch zwei rezessive Allele (c) hervorgerufen.

> Dominante Gene sind nicht immer »besser« als rezessive, von denen einige durchaus vorteilhaft sind.

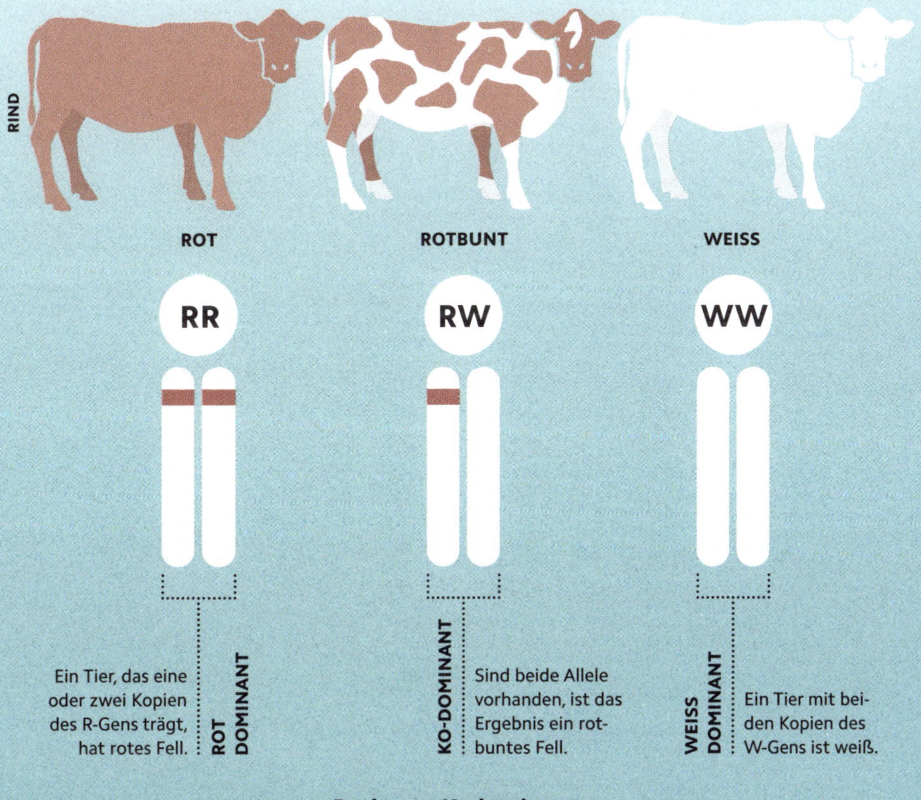

Rotbunte Kodominanz
Manchmal prägen sich zwei oder mehr Allele gleichberechtigt aus, sie sind kodominant. Das Gen für rotbuntes Fell bei Rindern funktioniert so.

ERFORSC

DER VER

HUNG
ERBUNG

Die systematische genetische Forschung begann, als frühe Naturforschende versuchten, die Gesetzmäßigkeiten der Vererbung zu verstehen. Sie stellten Experimente zur Zucht bei verschiedenen Tier- und Pflanzenarten mit eindeutigen Merkmalen an. Sie kreuzten Varianten, zählten die Nachkommen und versuchten, darin Muster zu erkennen. Die im 19. Jahrhundert von Gregor Mendel mit Erbsen und im frühen 20. Jahrhundert von Thomas Morgan mit Fruchtfliegen durchgeführten Studien halfen, Vorstellungen über die Vererbung zu entwickeln, die auch heute noch Grundlagen der modernen Genetik sind.

VERSCHACHTELTES LEBEN?

Ein mikroskopisch kleines befruchtetes Ei entwickelt sich zum komplexen Körper eines Tiers. Einige frühe Biologen nahmen an, dass Keimzellen (Spermien oder Eier) winzige vorgefertigte Körper enthalten, die nach der Geburt wachsen und bereits die nächste Generation umschließen. Wir wissen nun, dass die Kontinuität des Lebens nicht von verschachelteten Generationen herrührt, sondern von einem heute als DNA bezeichneten Material, das die Entwicklung steuert.

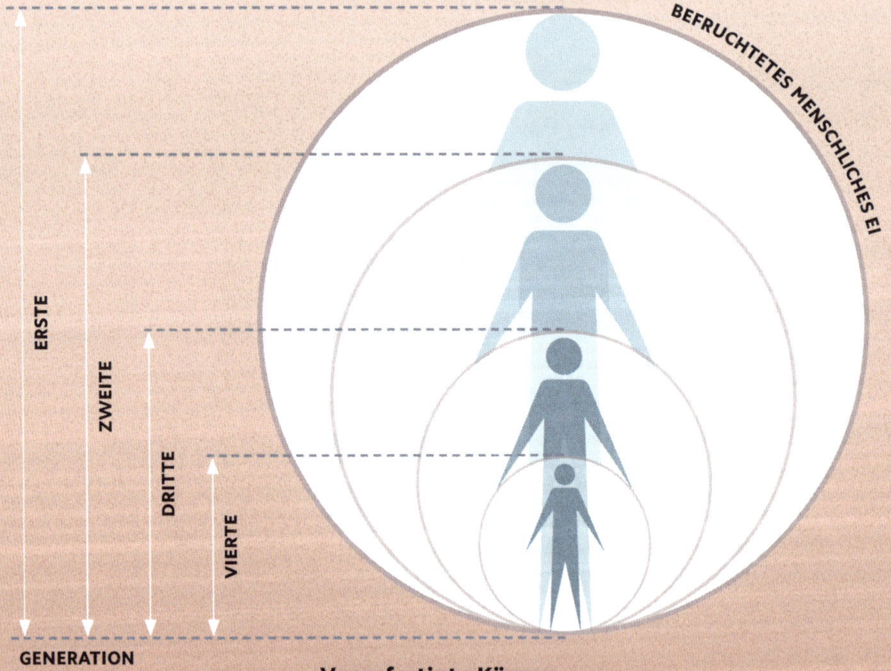

Vorgefertigte Körper
Die Präformationslehre besagte, dass winzige vorgebildete Individuen in den Geschlechtszellen enthalten seien, sodass eine Generation bereits in der nächsten stecke. Sie ging der Frage aus dem Weg, wie strukturierte Körper aus weniger strukturierter Materie entstehen können.

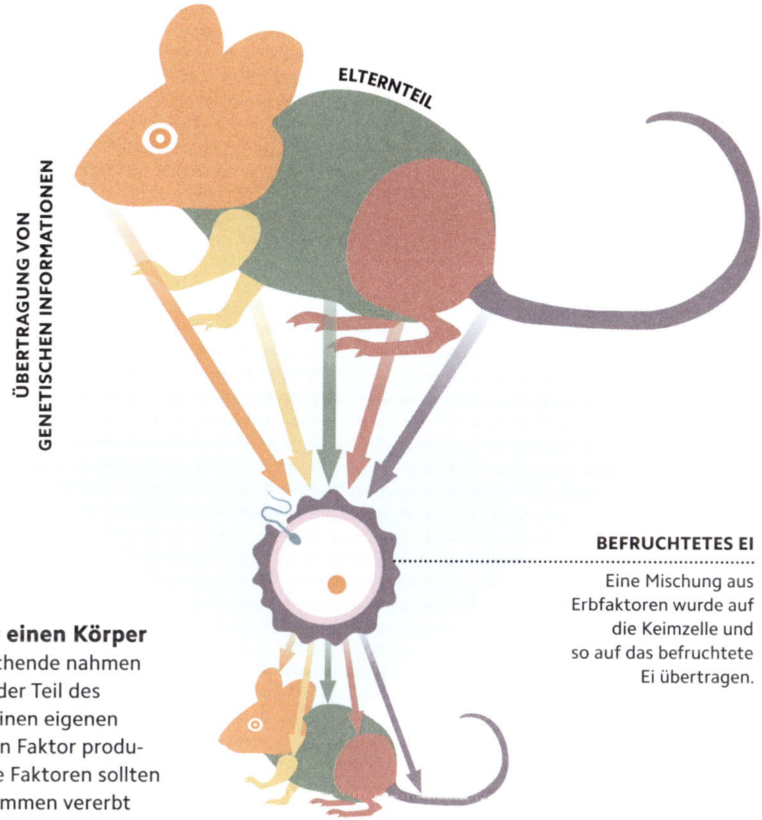

Pläne für einen Körper
Naturforschende nahmen an, dass jeder Teil des Körpers seinen eigenen chemischen Faktor produziert. Diese Faktoren sollten an Nachkommen vererbt werden.

GENETISCHE FAKTOREN?

Naturforschende versuchten, die Vererbung durch vom Körper produzierte chemische »Faktoren« zu erklären, die bestimmen sollten, wie ein befruchtetes Ei zum erwachsenen Tier wurde. Jeder Körperteil sollte seinen eigenen Faktor produzieren, der über die Geschlechtszellen übertragen wurde. Doch es stellte sich heraus, dass auch Tiere mit fehlenden Körperteilen intakten Nachwuchs bekamen. Das legte nahe, dass alle Entwicklungsfaktoren in jedem Körperteil vorhanden waren.

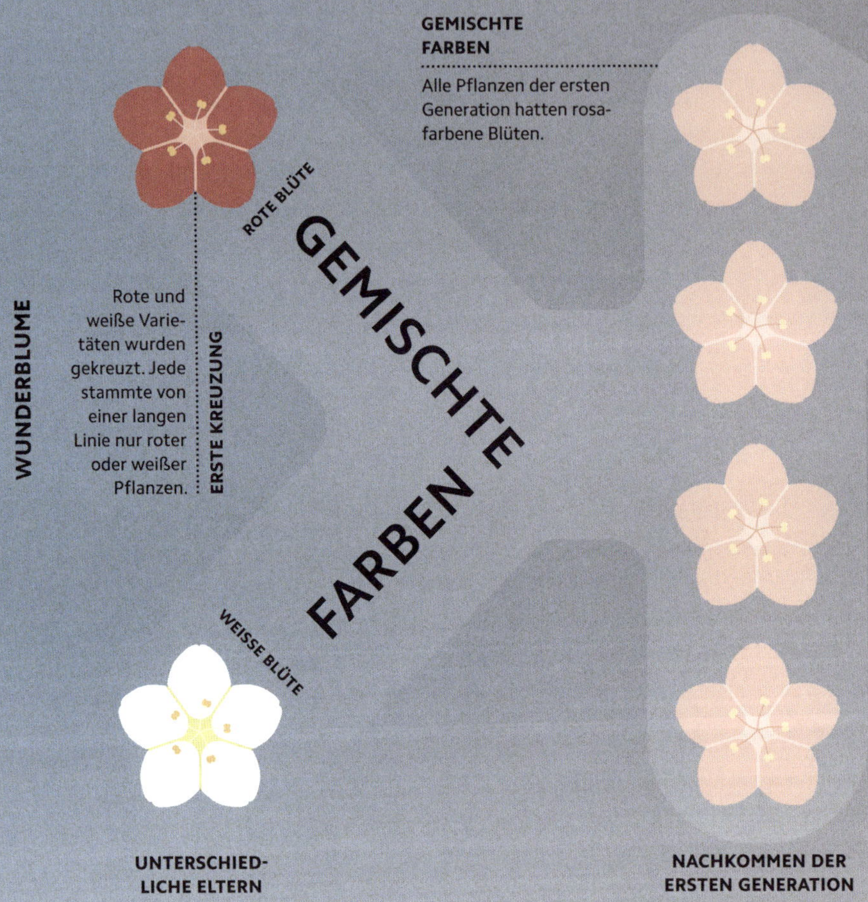

Frühe Biologen nahmen an, dass die »Faktoren« (siehe S. 31), die das Wachstum der Körperteile bestimmten, bei der geschlechtlichen Vermehrung vermischt wurden, so wie eine Mischung aus Rot und Weiß Rosa ergäbe. Demnach sollten Variationen schließlich in einer Form aufgehen und die Unterschiede im Lauf der Generationen verschwinden. Allerdings zeigten Zuchtexperimente etwas Überraschendes: Merkmale können die Generationen in ihrer ursprünglichen Form unverändert durchlaufen.

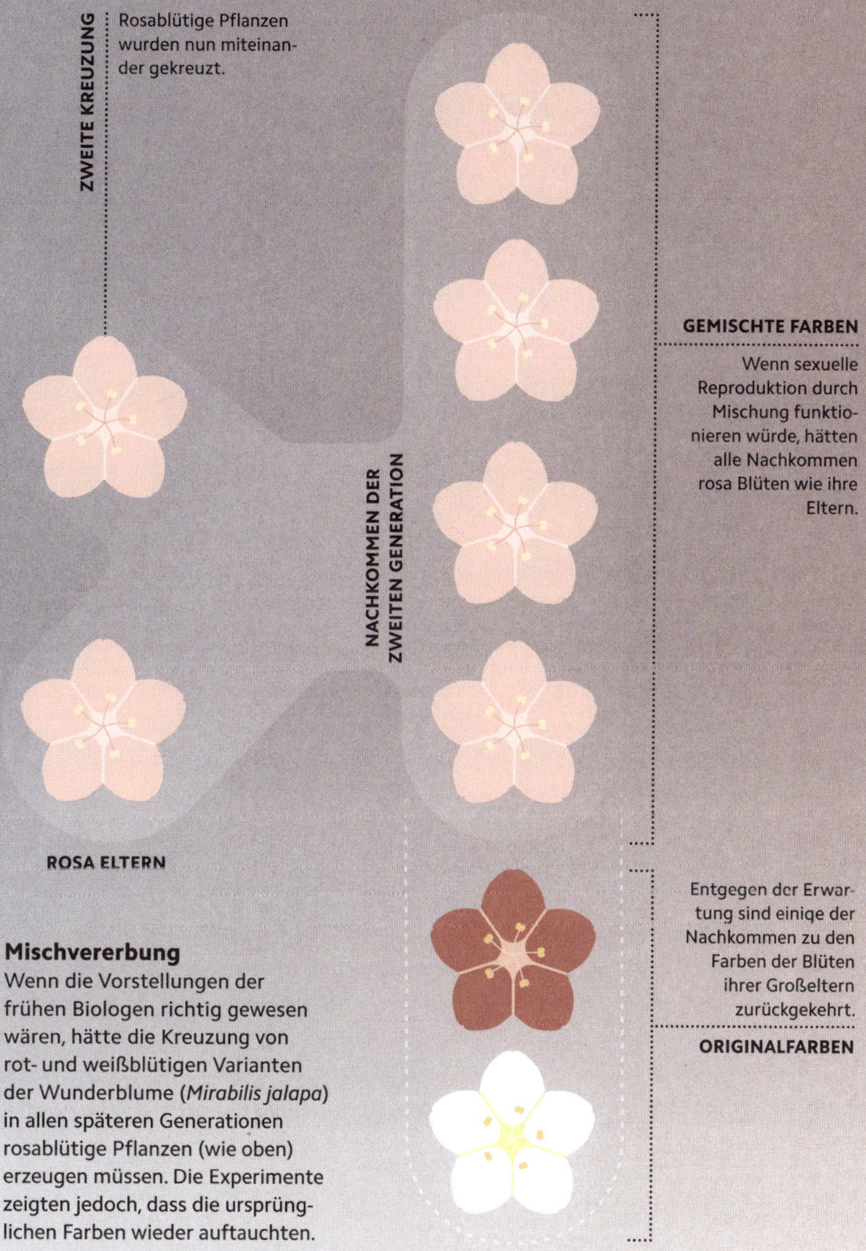

Mischvererbung
Wenn die Vorstellungen der frühen Biologen richtig gewesen wären, hätte die Kreuzung von rot- und weißblütigen Varianten der Wunderblume (*Mirabilis jalapa*) in allen späteren Generationen rosablütige Pflanzen (wie oben) erzeugen müssen. Die Experimente zeigten jedoch, dass die ursprünglichen Farben wieder auftauchten.

TESTFELDER DER GENETIK

Die am besten für Zuchtexperimente geeigneten Organismen haben eine kurze Lebensdauer und vermehren sich schnell. Je mehr Nachkommen, desto mehr Daten sind verfügbar, um statistisch signifikante Vererbungsmuster zu erkennen. In den 1850er-Jahren unternahm der österreichische Mönch Gregor Mendel Zuchtversuche mit Gartenerbsen. Andere bei Genetikern beliebte Organismen sind Fruchtfliegen, Hefen, Nematoden und Mäuse. Mendels Experimente waren wegweisend, weil er im Gegensatz zu vielen seiner Zeitgenossen die Vererbung definierter Eigenschaften mathematisch exakt festgehalten hat.

DOMINANTE EIGENSCHAFTEN

> Mendel ist wegen seiner wegweisenden Studien als »Vater der Genetik« bekannt geworden.

VARIATIONEN

Erbsenstudien
Gartenerbsen sind gute Objekte für genetische Studien, da sie eine Anzahl von Eigenschaften haben, in denen sich Individuen unterscheiden, sodass die Ergebnisse unterschiedlicher Kreuzungen leicht beurteilt werden können und viele Daten ergeben.

IM VERHÄLTNIS 3 : 1

In den 1850er-Jahren führte der österreichische Mönch Gregor Mendel Zuchtexperimente mit Erbsen durch. Er kreuzte Varietäten mit violetten und weißen Blüten und zählte die Pflanzen jeder Blütenfarbe unter den Nachkommen. In der ersten Generation waren alle Blüten violett, doch die weißen Blüten tauchten in der folgenden Generation bei einem Viertel der Pflanzen wieder auf. Dieses Verhältnis war hochsignifikant und zeigte auf, wie die »Erbfaktoren« sich verhielten.

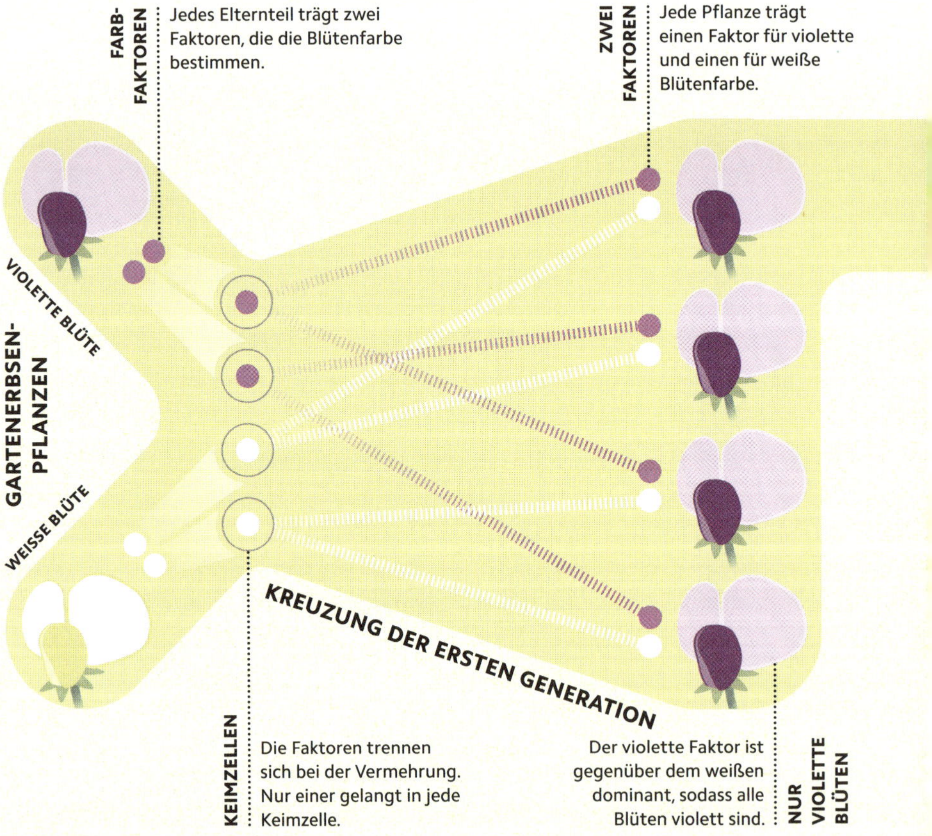

Aufspaltung der Faktoren

Die von Mendel ermittelten Verhältnisse lassen sich nur erklären, wenn jedes Merkmal von zwei Erbfaktoren gesteuert wird. Diese Faktoren kommen paarweise in jeder Elternpflanze vor. Ein Typ (violette Blüte) ist dominant gegenüber dem anderen, dem rezessiven (weiße Blüte). Die beiden Faktoren der Eltern gelangen während der Fortpflanzung in unterschiedliche Keimzellen (Pollen oder Eier).

> **Mendel veröffentlichte seine Theorie der Vererbung 1866. Erst 35 Jahre später wurde sie wiederentdeckt und akzeptiert.**

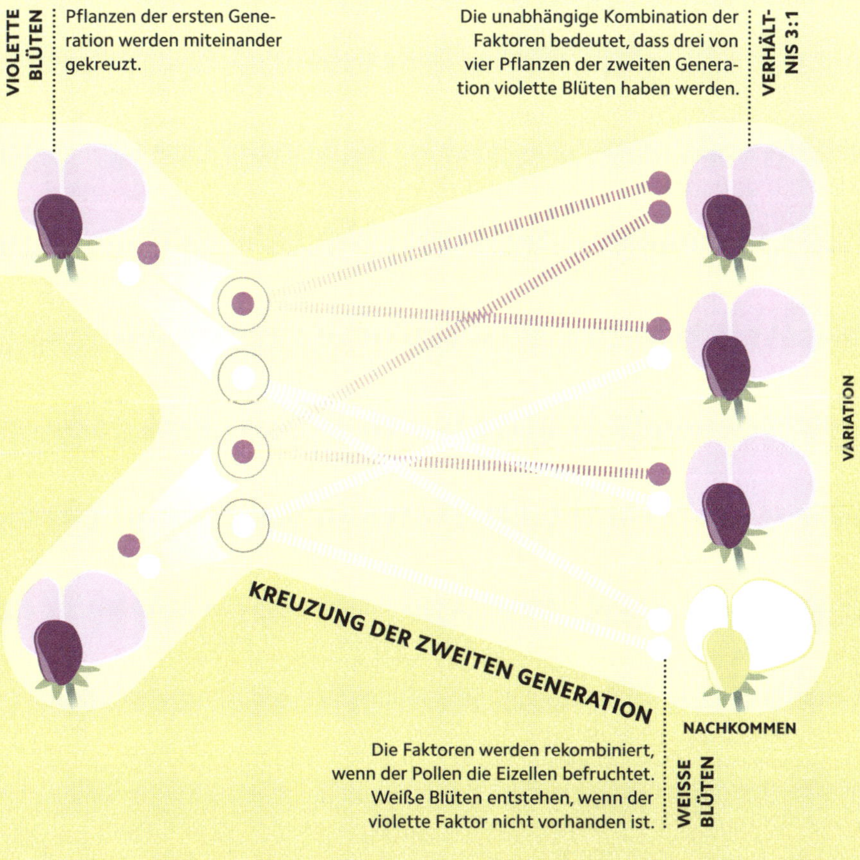

VERERBUNGS-VERHÄLTNISSE

Mendel deckte in seinen ersten Zuchtversuchen (siehe S. 36–37) die grundlegenden Regeln der Vererbung auf, indem er nur die Blütenfarbe betrachtete. Dann untersuchte er die gleichzeitige Vererbung von zwei Merkmalen. Diese sogenannte dihybride Kreuzung umfasste die Vererbung von violetten und weißen Blüten sowie von grünen und gelben Schoten. Auch hier überdeckten in der ersten Generation die dominanten Faktoren (violette Blüten und grüne Schoten) die weißen Blüten und die gelben Schoten. Bei der Kreuzung von Pflanzen dieser Generation trat in der nächsten jede mögliche Kombination auf. Die Anteile der Merkmalskombinationen bestätigten den Vererbungsmechanismus, den Mendel angenommen hatte.

Unabhängige Faktoren
Mendel sagte vorher, dass das Ergebnis von zwei unabhängig voneinander vererbten Merkmalen ein bestimmtes Verhältnis ergeben würde – 9:3:3:1. Seine Experimente, deren Ergebnis hier zu sehen ist, bestätigten die von ihm vorhergesagten Ergebnisse.

NACHKOMMEN DER ERSTEN GENERATION

Alle Nachkommen der ersten Generation sind violettblütig und haben grüne Schoten. Alle tragen sowohl dominante als auch rezessive Faktoren (oder Gene) für diese Merkmale.

KEIMZELLEN

Die Blüten- und Schotenfarbenfaktoren verteilen sich in vier möglichen Kombinationen in den Geschlechtszellen.

LEGENDE

- Dominantes Blütenfarben-Gen
- Rezessives Blütenfarben-Gen
- Dominantes Schoten-Gen
- Rezessives Schoten-Gen

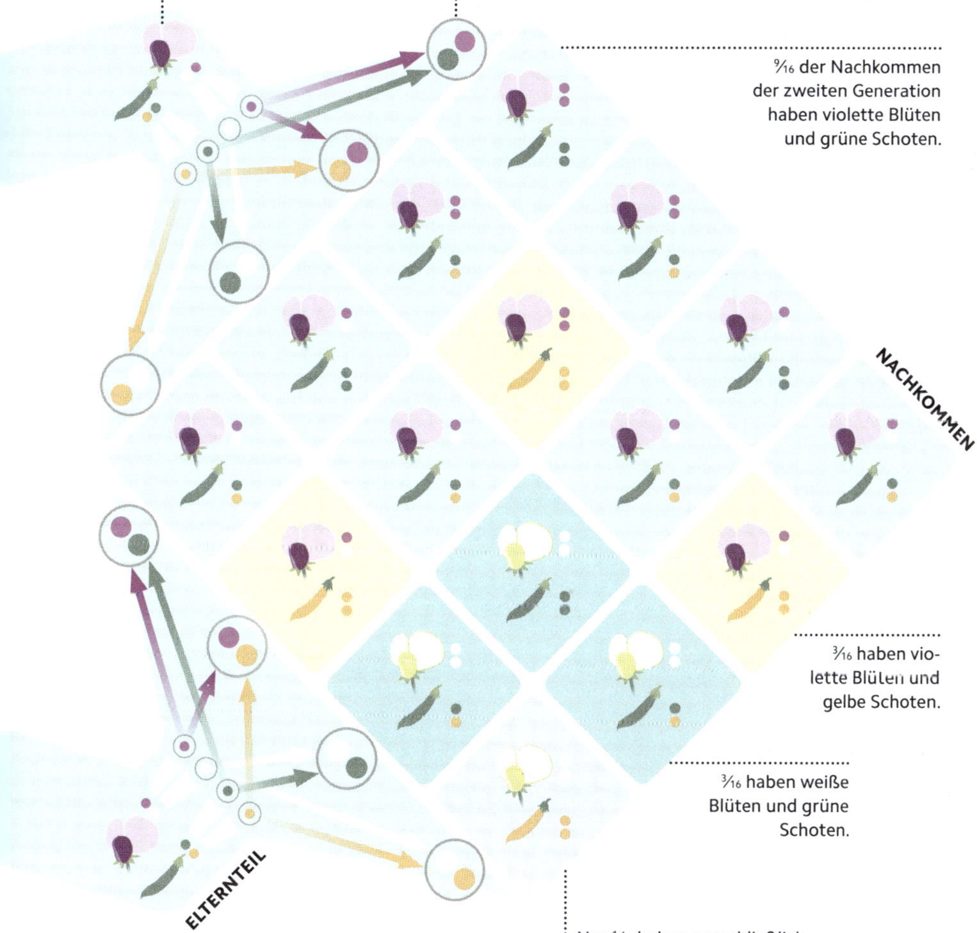

$\frac{9}{16}$ der Nachkommen der zweiten Generation haben violette Blüten und grüne Schoten.

$\frac{3}{16}$ haben violette Blüten und gelbe Schoten.

$\frac{3}{16}$ haben weiße Blüten und grüne Schoten.

Nur $\frac{1}{16}$ haben ausschließlich rezessive Gene, also weiße Blüten und gelbe Schoten.

ZWEITE GENERATION

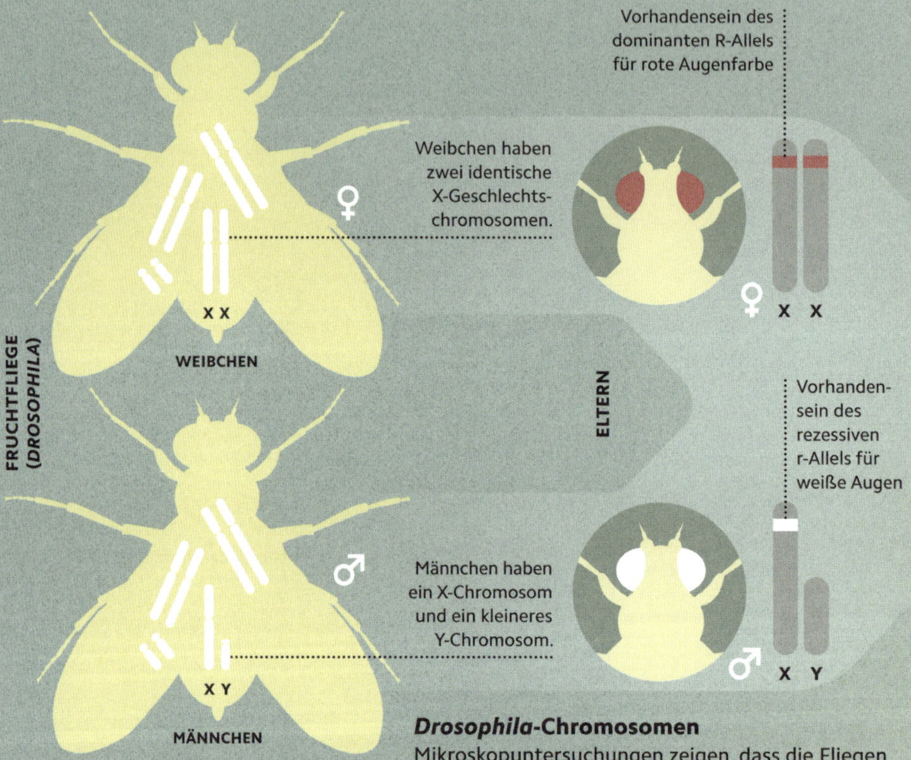

***Drosophila*-Chromosomen**
Mikroskopuntersuchungen zeigen, dass die Fliegen vier Chromosomenpaare besitzen, darunter ein Paar Geschlechtschromosomen (siehe S. 19).

DIE ERBFAKTORENSUCHE

Im frühen 20. Jahrhundert begannen Biologen mit der Suche nach dem konkreten Ort von Mendels »Faktoren« (siehe S. 36–39). Thomas Morgan führte Zuchtversuche mit Fruchtfliegen (*Drosophila melanogaster*) durch und bemerkte, dass einige Männchen weiße anstelle der normalen roten Augen hatten. Bei Weibchen trat diese Mutation nur sehr selten auf. Morgan nahm an, dass der Faktor für weiße Augen auf einem Geschlechtschromosom liegt und damit an einem definierten Ort.

Morgans Experimente
Normale Fruchtfliegen haben rote Augen, mutierte weiße. Morgan kreuzte ein rotäugiges Weibchen mit einem weißäugigen Männchen.

NACHKOMMEN DER ERSTEN GENERATION

Alle Nachkommen der ersten Generation hatten rote Augen, da das rote Allel dominant ist. Das war nach Mendels Vererbungsregeln zu erwarten.

In der zweiten Generation gab es rotäugige Männchen und Weibchen, weißäugige Männchen, aber keine weißäugigen Weibchen. Das wich von Mendels Unabhängigkeitsregel ab und legte nahe, dass die Augenfarbe auf dem X-Chromosom liegt.

NACHKOMMEN DER ZWEITEN GENERATION

MITEINANDER VERBUNDEN

Zu Beginn des 20. Jahrhunderts wurden Mendels »Erbfaktoren« bereits als Gene bezeichnet (siehe S. 7). Kreuzungsexperimente mit Fruchtfliegen zeigten, dass die Gene sich auf den Chromosomen befinden (siehe S. 40–41). Folglich sind zwei sich auf dem gleichen Chromosom befindende Gene gekoppelt und werden zusammen vererbt. Dies konnte Thomas Morgan nachweisen, aber auch, dass der Grad der Kopplung variabel ist. Denn bei der Bildung der Geschlechtszellen können Allele zwischen homologen Chromosomen durch Crossing-over (siehe S. 78) ausgetauscht werden. Und je weiter die Allele auf einem Chromosom voneinander entfernt sind, desto öfter werden sie ausgetauscht.

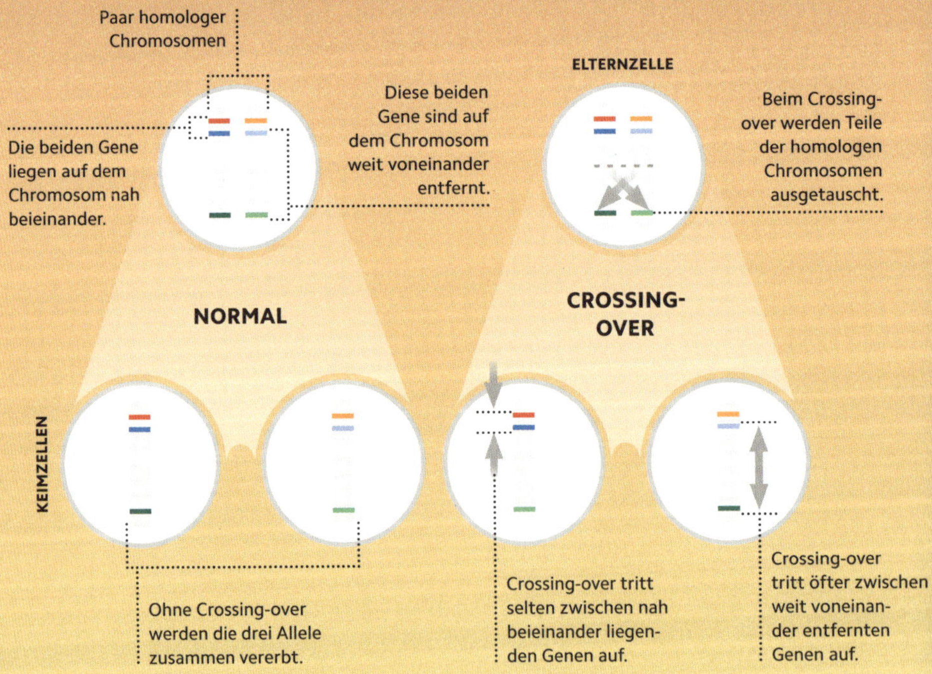

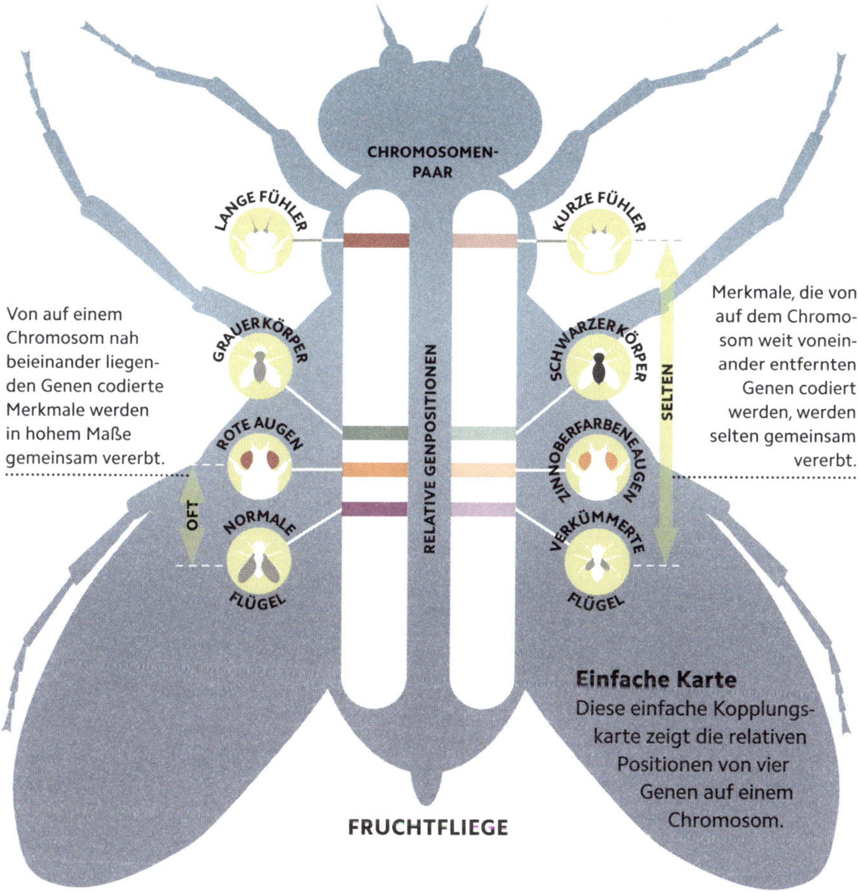

GENKARTIERUNG

Die Häufigkeit, mit der zwei Gene gemeinsam vererbt werden, ist ein Maß für ihren Abstand auf einem Chromosom. Indem sie auf der Basis von Tausenden von Kreuzungsversuchen verglichen, wie oft unterschiedliche Genpaare gemeinsam vererbt wurden, konnten Genetiker Kopplungskarten erzeugen, die die relative Position aller Gene auf einem Chromosom beschrieben. Die Fruchtfliege vermehrt sich mit einer Generation alle zehn bis zwölf Tage sehr schnell. Sie war für frühe Untersuchungen der Genkopplung (siehe S. 34–35) ideal.

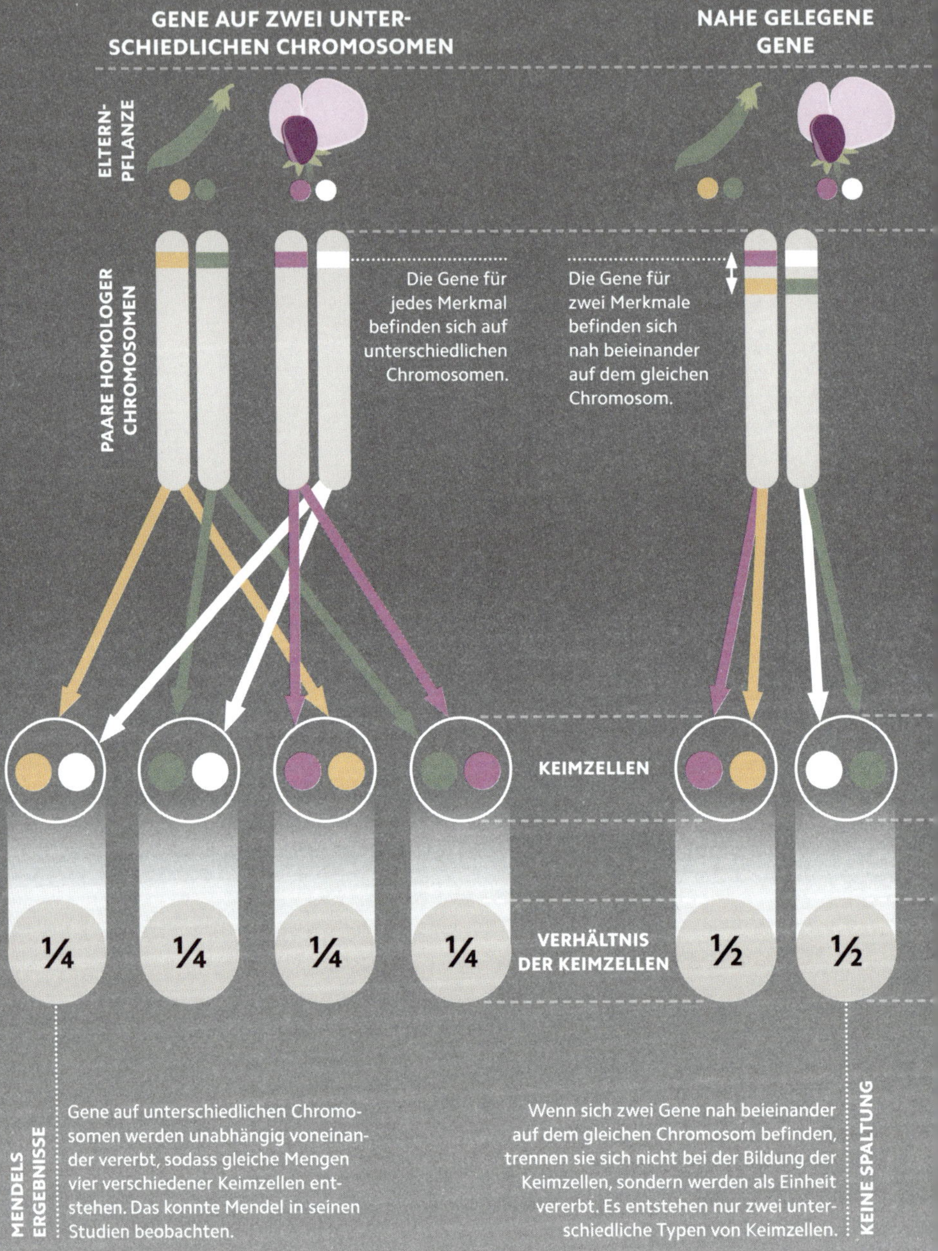
GENE AUF ZWEI UNTERSCHIEDLICHEN CHROMOSOMEN
NAHE GELEGENE GENE
ELTERNPFLANZE
PAARE HOMOLOGER CHROMOSOMEN
Die Gene für jedes Merkmal befinden sich auf unterschiedlichen Chromosomen.
Die Gene für zwei Merkmale befinden sich nah beieinander auf dem gleichen Chromosom.
KEIMZELLEN
VERHÄLTNIS DER KEIMZELLEN
¼
¼
¼
¼
½
½
MENDELS ERGEBNISSE
Gene auf unterschiedlichen Chromosomen werden unabhängig voneinander vererbt, sodass gleiche Mengen vier verschiedener Keimzellen entstehen. Das konnte Mendel in seinen Studien beobachten.
KEINE SPALTUNG
Wenn sich zwei Gene nah beieinander auf dem gleichen Chromosom befinden, trennen sie sich nicht bei der Bildung der Keimzellen, sondern werden als Einheit vererbt. Es entstehen nur zwei unterschiedliche Typen von Keimzellen.

MENDELS GLÜCKSFALL

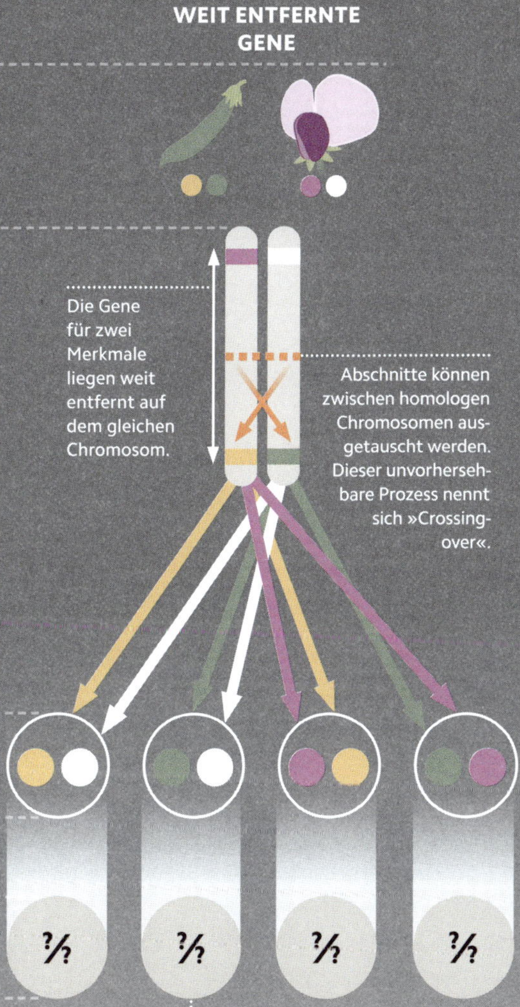

Mendels Experimente mit Erbsen führten ihn zu seiner Beschreibung der Prinzipien der Vererbung (siehe S. 36–39). Er wusste jedoch nicht, woraus seine »Erbfaktoren« bestanden und wo sie zu suchen waren. Spätere Entdeckungen erkannten die Faktoren als Gene, die auf den Chromosomen liegen. Wir sehen nun, dass Mendel bei der Wahl seiner Faktoren (Gene) Glück hatte, da sie auf verschiedenen Chromosomen oder so weit voneinander entfernt lagen, dass sie sich unabhängig voneinander vererbten. Wenn sie gekoppelt gewesen wären, hätte Mendel ganz andere Resultate erhalten, wie dieses Gedankenexperiment zeigt.

CROSSING-OVER

Crossing-over ist ein zufälliger Vorgang, der jedoch bei weit voneinander entfernten Genen wahrscheinlicher auftritt. Die Anteile der unterschiedlichen Keimzellen können nicht genau vorhergesagt werden.

VARIAT

ION

Die Millionen von lebenden Arten auf unserem Planeten sind ein offenkundiger Ausdruck der genetischen Vielfalt, doch genetische Variationen treten auch innerhalb von Arten auf. Zwar können manche Merkmale unmittelbar von der Umgebung beeinflusst sein, doch sind für alle geerbten Eigenschaften eines Individuums Tausende von Genen in den Zellen verantwortlich. Die Gene der Individuen unterscheiden sich und werden während der Fortpflanzung vermischt, zudem können neue Varianten (oder Allele) durch Mutationen entstehen. Das sind die Prozesse, die für die genetische Variation, unsere Individualität und letztlich die biologische Vielfalt unseres Planeten verantwortlich sind.

GENOTYP UND PHÄNOTYP

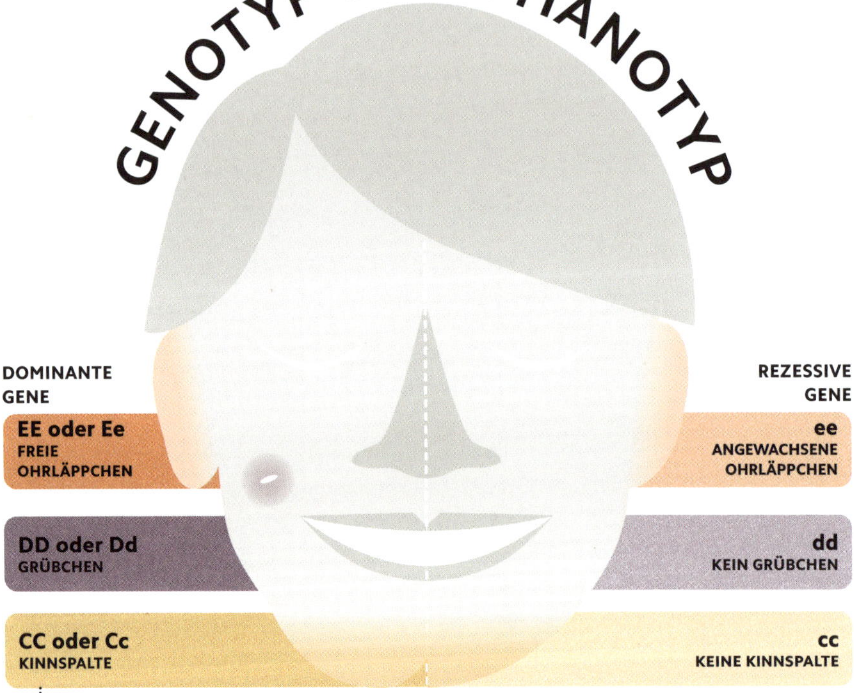

Der Genotyp (mit zwei Buchstaben gekennzeichnet) bestimmt den Phänotyp (die sichtbaren Eigenschaften).

Kontrolle durch ein einzelnes Gen
Bestimmte Gesichtsmerkmale werden von einem einzelnen Gen kontrolliert.

Obwohl Organismen Tausende von Genen besitzen, beschränken sich Studien zur Vererbung oft auf ein oder zwei Gene, weil es sehr schwierig ist, gleichzeitig die Effekte vieler Gene zu untersuchen. Fachleute sprechen von einem Genotyp, um die Gene eines Organismus zu beschreiben, und unterscheiden ihn vom Phänotyp – den offensichtlichen Eigenschaften eines Organismus (Erscheinungsbild und Verhalten). Der Genotyp wird mit Klein- und Großbuchstaben (etwa a und A) dargestellt, um rezessive und dominante Formen zu bezeichnen.

MEHRERE VARIANTEN

Merkmale treten in ein oder mehreren verschiedenen Varianten auf. So ist die Erbsenblüte violett oder weiß (es gibt keine Mischfarbe) und die Antigene der menschlichen Blutgruppen können A oder B sein oder fehlen (Blutgruppe 0). Solche diskreten Merkmale lassen einen Zusammenhang zwischen einer Genvariante (Allel) und einer Eigenschaft erkennen. In anderen Fällen können mehrere Gene eine Eigenschaft regulieren (siehe S. 50–52). Komplexe Variationen können durch Wechselwirkungen verschiedener Gene entstehen.

Blutgruppen
Menschliche Blutgruppen können A, B, AB oder 0 sein. Es gibt drei Allele: A, B und 0. 0 ist ein rezessives Allel.

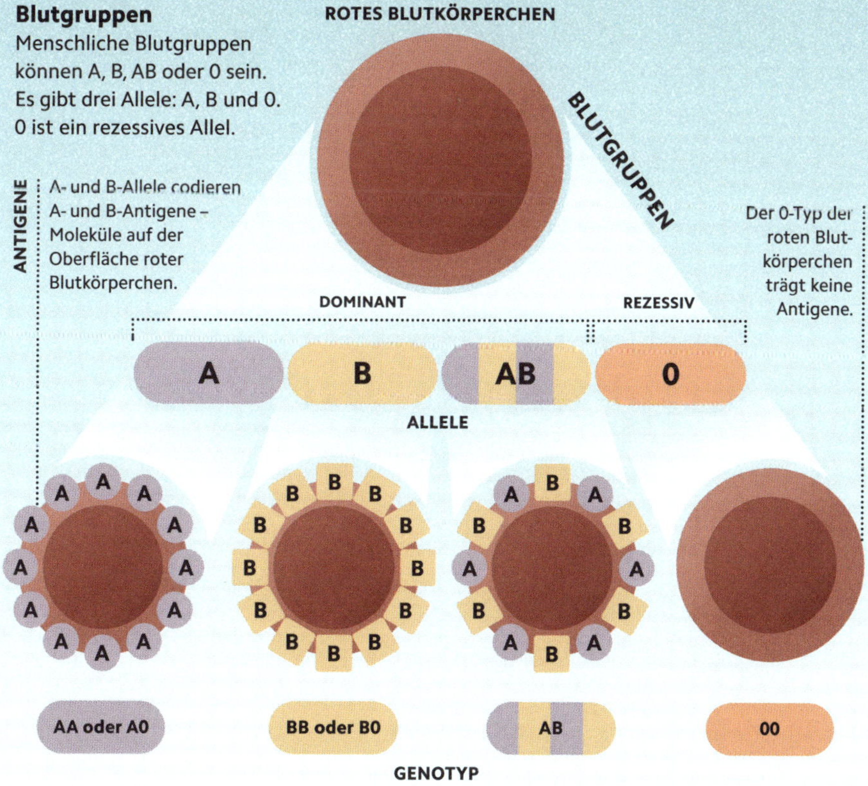

Gehäusefarbe
Die Kombinationen zweier Allele von zwei unterschiedlichen Genen erzeugen verschiedene Zeichnungen.

LEGENDE
- Braunes Gehäuse (dominant)
- Gelbes Gehäuse (rezessiv)
- Nicht gebändert (dominant)
- Gebändert (rezessiv)

GENKOMBINATIONEN

Gene können miteinander interagieren, sodass sich ihre Wirkung ändert, wenn sie kombiniert werden. Diese Interaktion kann große Variationen in den Merkmalen der Individuen einer Population erzeugen. Man stelle sich nur zwei Gene vor, die ein Merkmal beeinflussen: etwa die Gehäusefarbe bei der Hain-Bänderschnecke (*Cepaea nemoralis*). Ein Gen legt fest, ob die Farbe braun oder gelb ist, das andere, ob es eine Bänderung gibt. Verschiedene Kombinationen dieser Gene erzeugen verschiedene Phänotypen. Tatsächlich wird die Gehäusefarbe von mehr als zwei Genen beeinflusst, sodass es viele Variationen gibt. Diese Diversität wird als Polymorphismus bezeichnet.

EINE GLEITENDE SKALA

Einige Merkmale werden von einer sehr großen Zahl von Genen kontrolliert. Die Größe eines Menschen wird beispielsweise von mehreren Hundert Genen gesteuert, von denen manche einen größeren Einfluss als andere haben. Jede neue Kombination erzeugt eine neue Zwischenform, bis die Varianten letztendlich zu einem Kontinuum ohne Abstufungen verschmelzen. Zusätzlich spielen bei der Größe noch äußere Einflüsse wie die Ernährung eine Rolle.

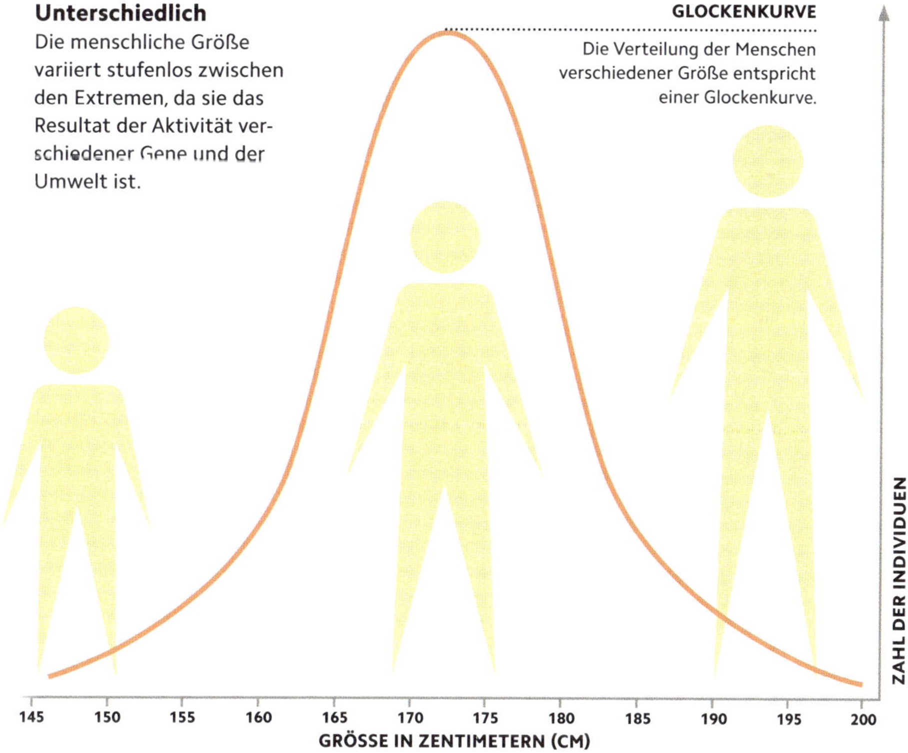

GEN-INTERAKTION

GENOTYPEN UND AUGENFARBEN

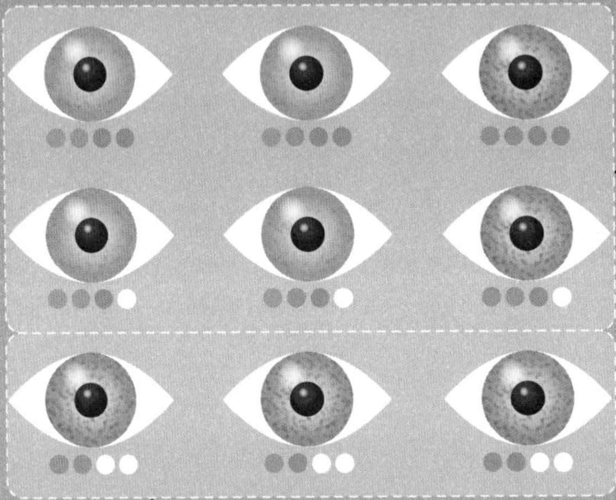

PIGMENT-GEN ANGESCHALTET

Die Augenfarbe wird von zwei Allelen bestimmt. Die Gegenwart des dominanten liefert braune Pigmente, wenn das Pigment-Gen angeschaltet ist.

PIGMENT-GEN ANGESCHALTET

Die rezessive Form des Pigmentschalter-Gens stoppt die Pigmentproduktion, auch wenn das dominante Allel für die braune Augenfarbe vorhanden ist.

ZWEI GENE KONTROLLIEREN DIE AUGENFARBE

PIGMENT-GEN
- Braunes Pigment (dominant)
- Kein Pigment (blau) (rezessiv)

PIGMENT-SCHALTER-GEN
- Pigment an (dominant)
- Pigment aus (rezessiv)

Ein Gen kann von der Aktivität eines anderen beeinflusst werden. Das bezeichnet man als Epistase. Die menschliche Augenfarbe wird beispielsweise von zwei Genen gesteuert. Die beiden Allele des einen bestimmen, ob die Iris braunes oder kein Pigment erhält, sodass sie blau bleibt. Das zweite Gen schaltet das erste an. Ist dieser Pigmentschalter ausgeschaltet, bleibt das Auge blau.

Geranien
Die Form und die Farbe der Geranienblätter können von genetischen und von Umweltfaktoren beeinflusst werden. Zu viel Wasser oder zu wenig Licht können beispielsweise grüne Blätter gelb werden lassen.

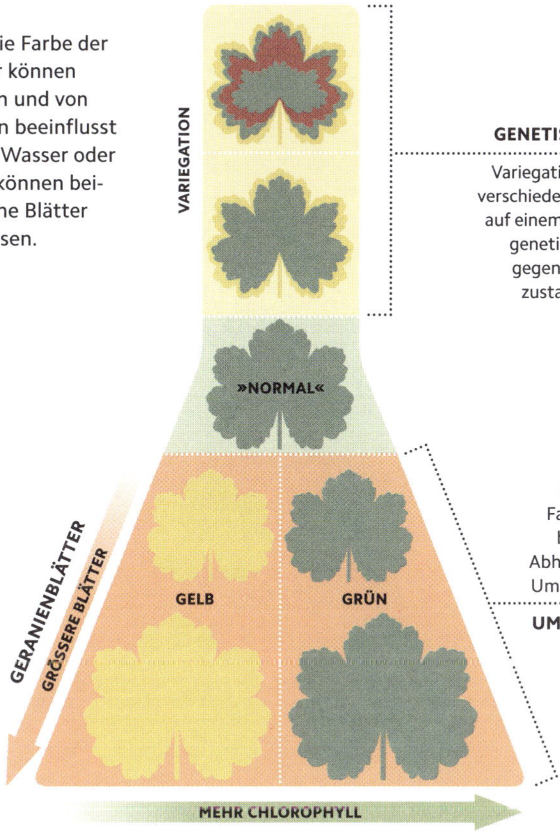

GENETISCHE VARIATION
Variegation – das Auftreten verschiedenfarbiger Bereiche auf einem Blatt – wird durch genetische Unterschiede gegenüber dem Normalzustand hervorgerufen.

Die Größe und die Farbe der Geranienblätter variieren in Abhängigkeit von den Umweltbedingungen.
UMWELTEINFLÜSSE

ÄUSSERE EINFLÜSSE

Nicht alle auftretenden Variationen werden von den Genen beeinflusst. Viele Eigenschaften hängen auch von der Umwelt ab. Grüne Blätter verblassen im Schatten und der Sonne ausgesetzte Haut wird dunkler. Das liegt daran, dass Umweltfaktoren wie Nährstoffe, Licht und Temperatur das Wachstum und die Entwicklung beeinflussen. Gene können zudem mit der Umwelt interagieren: Bei Siamkatzen wirken die pigmentproduzierenden Gene nur in den kühleren Bereichen des Körpers, sodass sie dunklere Pfoten und Ohren besitzen.

DAS

DNA-MO

LEKÜL

Die Fähigkeit der Lebewesen, neues Leben hervorzubringen, resultiert aus den Eigenschaften der DNA, einer langen Molekülkette, die den genetischen Code der Zelle enthält. Die DNA wird vor der Zellteilung dupliziert, sodass ein kompletter Satz der genetischen Information an jede Tochterzelle weitergegeben werden kann. Die Doppelhelixstruktur der DNA, die an eine verdrehte Leiter erinnert (siehe S. 59), ist der Schlüssel zu ihrer wichtigsten Eigenschaft – sie kann die Matrize ihrer eigenen Verdopplung sein. So können vielzellige Körper aus einer einzigen befruchteten Eizelle heranwachsen und eigene Nachkommen erzeugen.

DIE LEITER DES LEBENS

Das DNA-Molekül besteht aus gerade einmal fünf Elementen – Kohlenstoff (C), Wasserstoff (H), Sauerstoff (O), Stickstoff (N) und Phosphor (P). Es gehört zu den Polymeren, also Chemikalien, die aus sich wiederholenden Makromolekülen bestehen. Bei der DNA werden diese Makromoleküle als Nukleotide bezeichnet. Das genetische Material ist leicht sauer und es liegt in hoher Konzentration im Zellkern vor. Deshalb wird die DNA als Nukleinsäure bezeichnet.

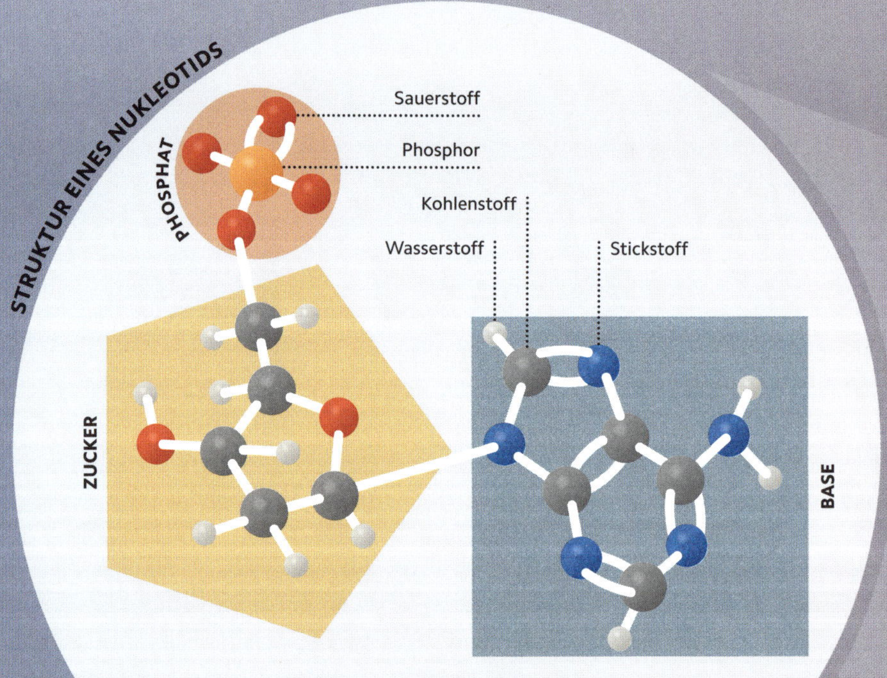

Nukleotid
Ein Nukleotid besteht aus einem Zuckermolekül (im Fall der DNA aus Desoxyribose), das an eine stickstoffhaltige organische Base gebunden ist, und einem Phosphat.

Molekülkette
Die Zucker- und Phosphatteile der Nukleotide bilden eine lange Kette. Die Basen ragen aus der Kette hervor und gehen schwache Verbindungen mit der zweiten, parallel liegenden Nukleotidkette ein. Das verleiht dem DNA-Molekül das Aussehen einer Leiter, in der die Basen die Sprossen bilden.

Zucker sind einfache Kohlenstoffhydrate. Desoxyribose, der Zucker der DNA, enthält fünf Kohlenstoffatome.

ZUCKER

Basen sind Stoffe, die Säuren neutralisieren können. In der DNA gibt es vier verschiedene Basen (siehe S. 58).

BASE

PHOSPHAT

Phosphatgruppen bestehen aus Phosphat und Sauerstoff. Sie wechseln sich mit den Zuckermolekülen ab, um das Rückgrat des DNA-Strangs zu bilden.

DESOXYRIBONUKLEINSÄURE (DNA)

SCHICKSALSWINDUNGEN

Das DNA-Molekül hat die Form einer Leiter, in der die organischen Basen die Sprossen bilden. Es gibt vier verschiedene Basen: Adenin (A), Thymin (T), Cytosin (C) und Guanin (G). Sie verbinden sich auf eine bestimmte Weise: Adenin in der einen Kette paart sich immer mit Thymin in der anderen, wohingegen sich Guanin mit Cytosin verbindet. Diese Basenpaare verursachen die Verdrillung der Leiter, bei der zwei Helices sich als Doppelhelix umeinander winden.

Basenpaare

Die Basenpaare A–T und C–G werden von relativ schwachen Wasserstoffbrückenbindungen zusammengehalten, sodass die DNA bei Bedarf leicht aufgetrennt werden kann.

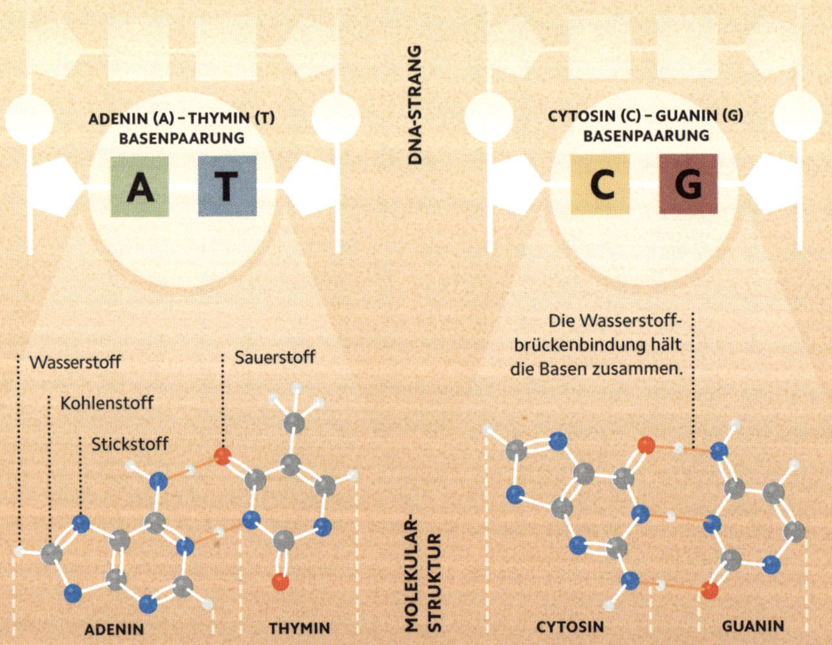

Die Doppelhelix

Die spezifische A–T- und C–G-Paarung führt dazu, dass ein DNA-Strang den anderen spiegelt. So wird die Stabilität des genetischen Codes aufrechterhalten.

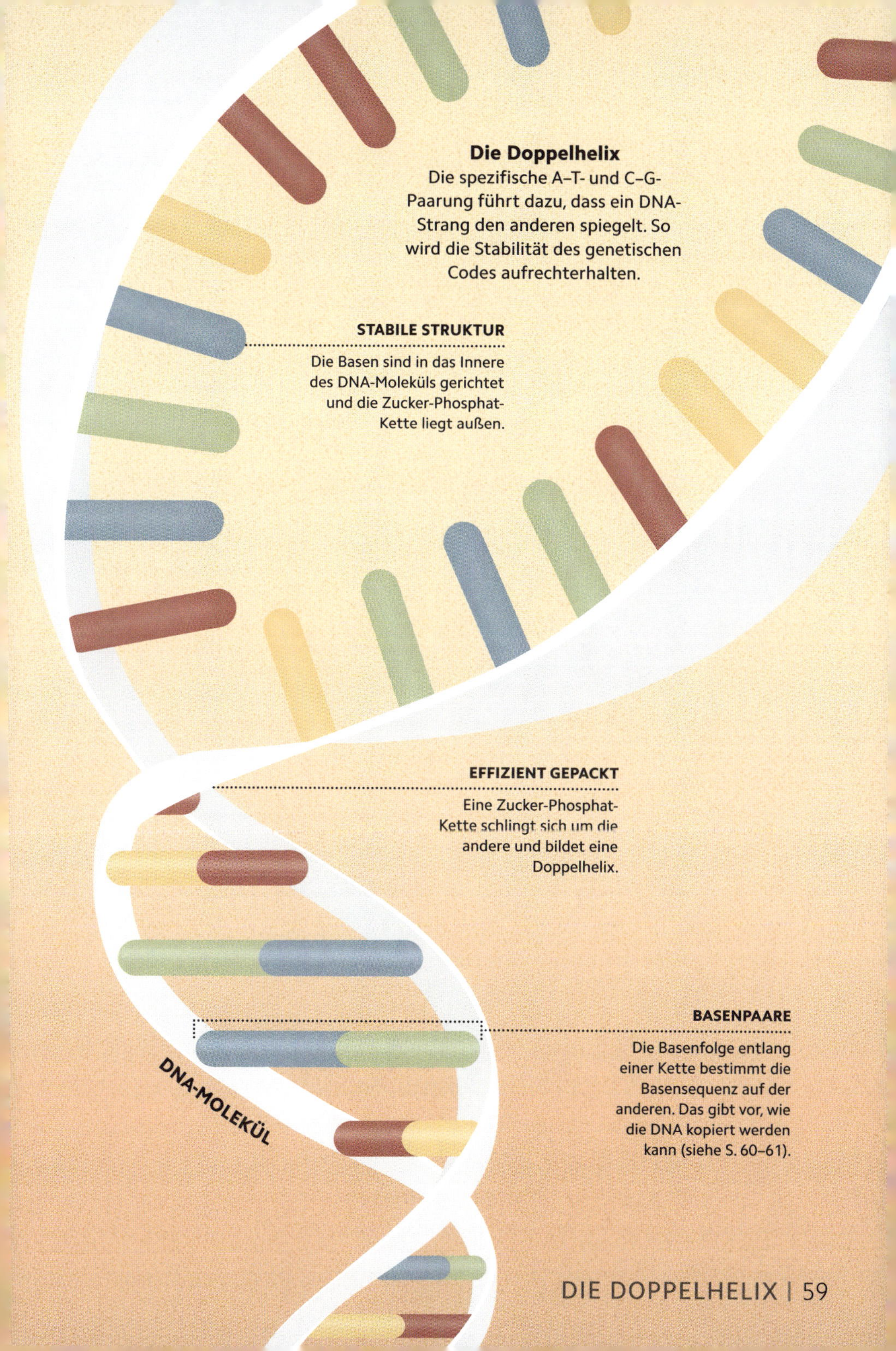

MOLEKÜLE MIT GEDÄCHTNIS

Bevor sich eine Zelle teilt (siehe S. 68–69), wird ihr genetisches Material – ihre DNA – repliziert. Die Struktur des Moleküls ermöglicht die Produktion identischer Kopien, sodass der von der DNA transportierte Code verlässlich von einer Generation zur nächsten weitergegeben werden kann. DNA ist dazu gut geeignet, weil sie aus zwei komplementären Strängen besteht. Adenin steht immer Thymin gegenüber und Guanin befindet sich gegenüber von Cytosin (siehe S. 58). Ein DNA-Strang kann daher als Matrize für den anderen dienen, der zusammengesetzt wird.

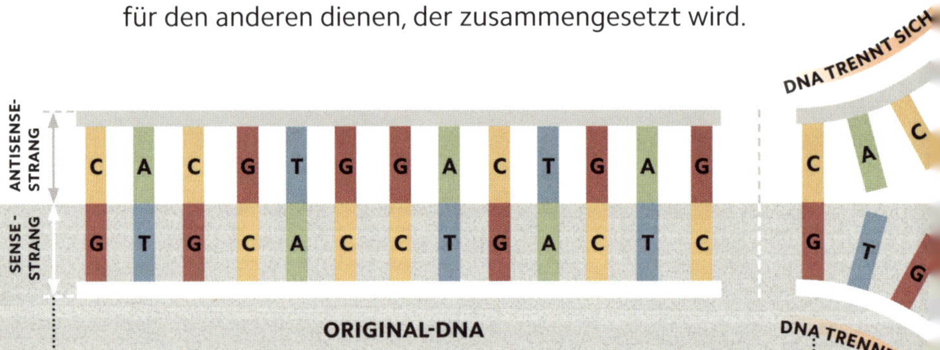

BASENINFORMATION

Nur ein Strang der DNA enthält den genetischen Code für die Protein-Synthese. Er wird als Sense-Strang bezeichnet. Der komplementäre Antisense-Strang wird als Matrize für die Replikation und die RNA-Transkription genutzt (siehe S. 90–91).

GETRENNTE STRÄNGE

Wenn sich eine DNA-Doppelhelix repliziert, trennt sie sich in ihre beiden Stränge. Daran entlang werden neue DNA-Stränge zusammengesetzt und bilden zwei neue Doppelhelices (siehe S. 59).

Eine menschliche Zelle kann ihre DNA in etwa einer Stunde replizieren.

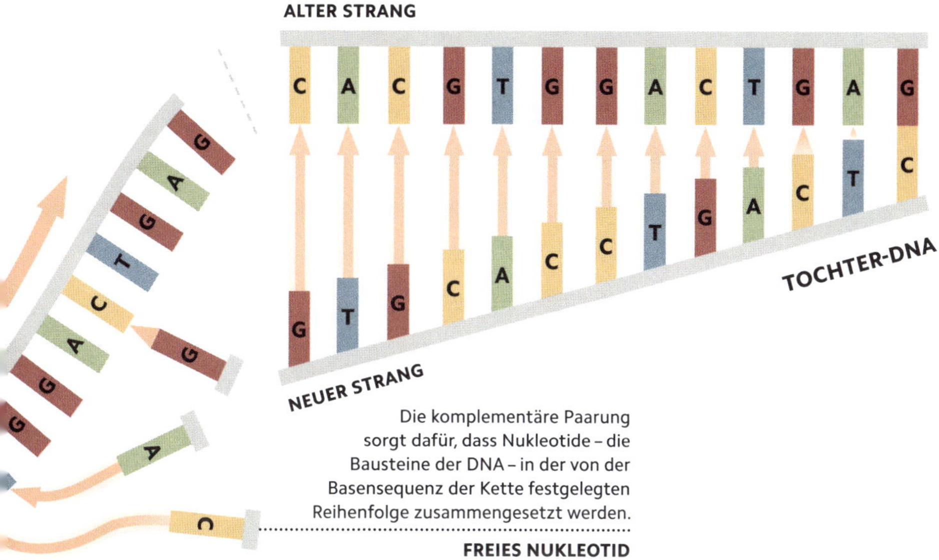

Die komplementäre Paarung sorgt dafür, dass Nukleotide – die Bausteine der DNA – in der von der Basensequenz der Kette festgelegten Reihenfolge zusammengesetzt werden.

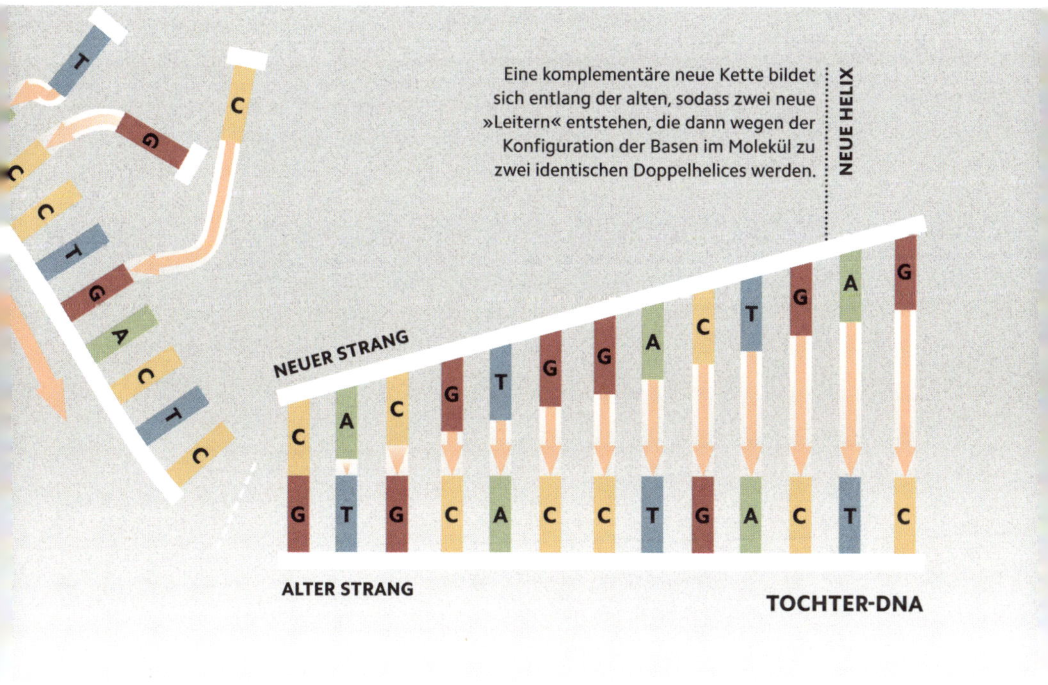

Eine komplementäre neue Kette bildet sich entlang der alten, sodass zwei neue »Leitern« entstehen, die dann wegen der Konfiguration der Basen im Molekül zu zwei identischen Doppelhelices werden.

VERPACKT

Der Zellkern einer menschlichen Zelle enthält 46 Chromosomen, die jeweils ein DNA-Molekül enthalten. Bei manchen Chromosomen können diese Moleküle bis zu 4 cm lang sein – 10 000-mal länger als die Zelle selbst. Die DNA ist gut verpackt. Jede Doppelhelix ist in sich verdrillt. Die Struktur wird von als Histonen bezeichneten Proteinen zusammengehalten, die mit der DNA einen Komplex bilden, der als Chromatin bezeichnet wird.

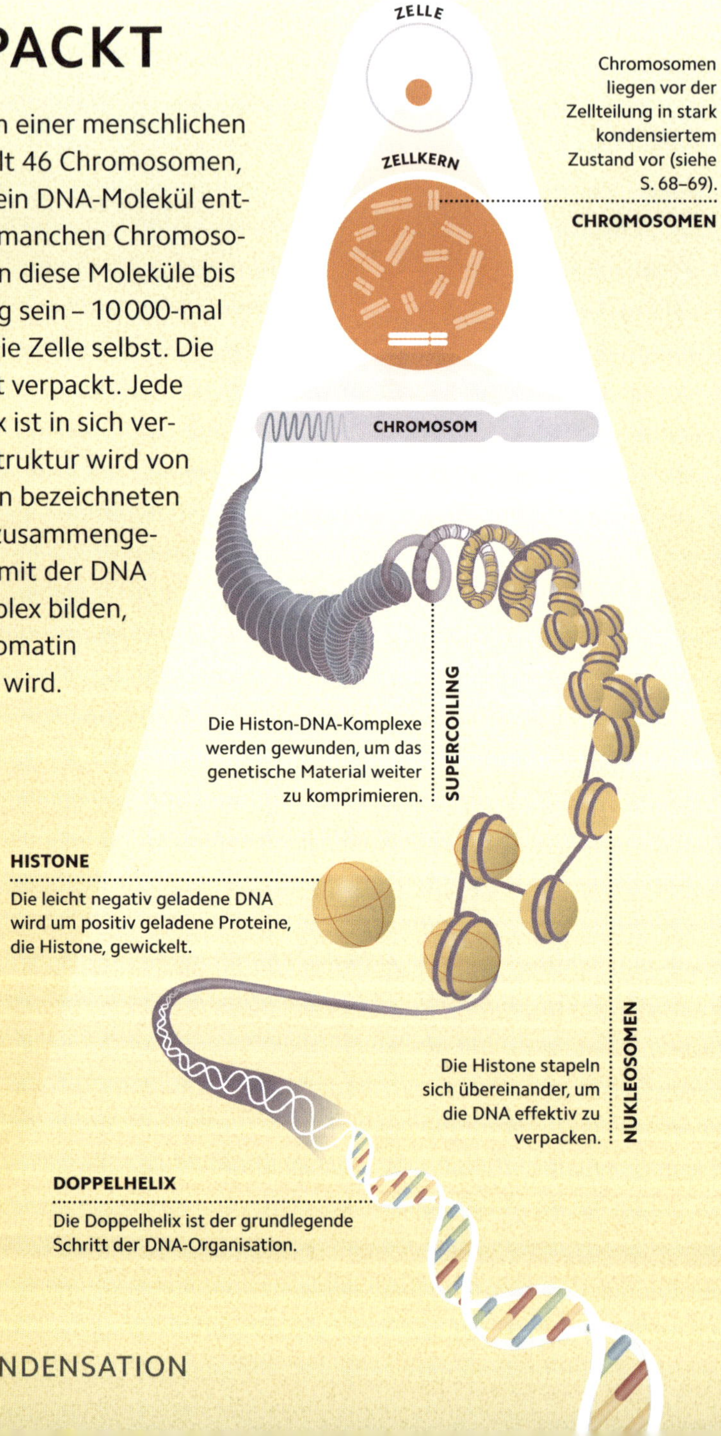

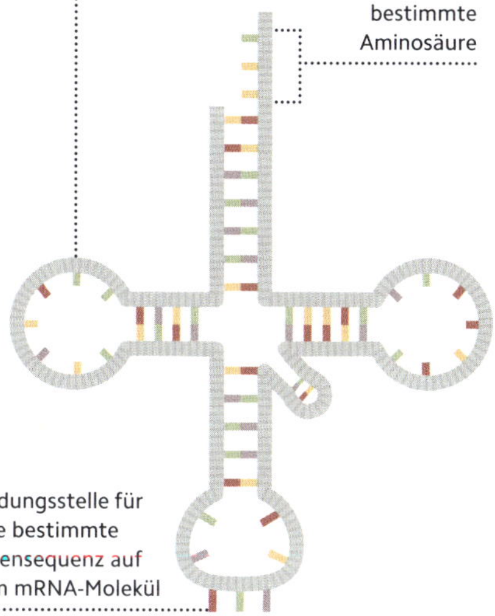

BOTEN DER ZELLE

DNA ist das genetische Material in den Zellkernen von Pflanzen- und Tierzellen. Die Zellen enthalten jedoch noch eine andere Nukleinsäure. Diese Ribonukleinsäure ist wichtig, um die in der DNA abgespeicherten Informationen auszuführen. RNA-Moleküle sind kürzer als die der DNA und bestehen aus einer einfachen (also keiner doppelten) Kette aus Zucker (Ribose statt Desoxyribose) und Phosphaten. Es gibt zwei Haupttypen der RNA: Messenger-RNA (mRNA) und Transfer-RNA (tRNA). RNA trägt auch zur Substanz der Ribosomen bei. Das sind die Zellorganellen, die die Proteine zusammensetzen (siehe S. 92–93).

DIE 98 PROZENT

Es ist vielleicht überraschend, dass nur ein kleiner Teil der DNA in einer eukaryotischen Zelle Proteine codiert (siehe S. 17). Der Rest – die nichtcodierende DNA (ncDNA) – ist allerdings kein Müll, wie man einmal angenommen hat. Er spielt beim An- und Abschalten von Genen eine wichtige Rolle (siehe S. 96–99) sowie bei der Kontrolle der Genfunktion und durch die Bereitstellung struktureller Teile der Chromosomen, etwa der Centromere (siehe S. 68). Als Transposons bezeichnete DNA-Sequenzen können zwischen verschiedenen Orten des Genoms »springen« und können so manchmal Mutationen auslösen (siehe S. 102–111).

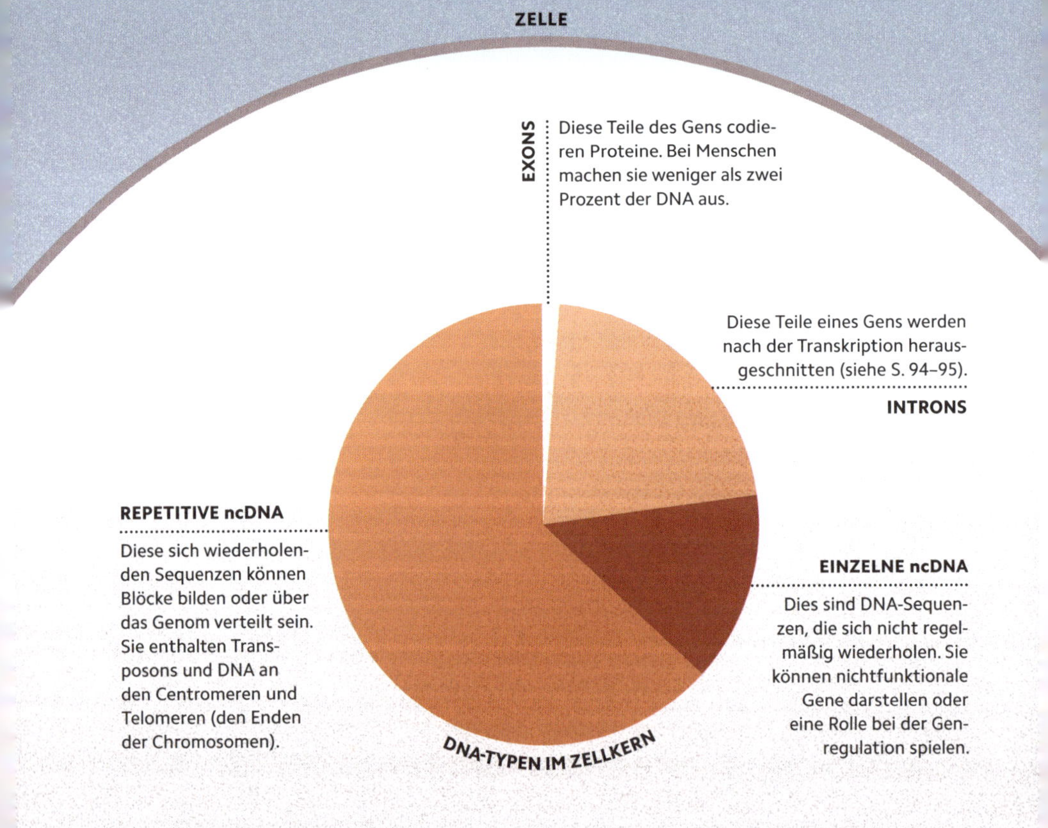

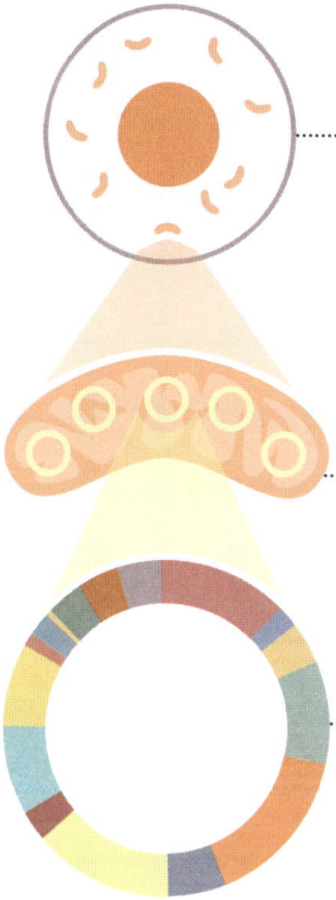

NICHTNUKLEÄRE DNA

Der größte Teil der in der eukaryotischen Zelle (siehe S. 15) enthaltenen DNA befindet sich in den Chromosomen des Zellkerns. Ein kleiner Teil ist in den Mitochondrien enthalten. Diese Organellen produzieren Energie für die biochemischen Reaktionen der Zelle. Sie haben ein kleines Genom von 37 Genen auf einem ringförmigen DNA-Molekül. Das ist das Erbe ihrer Vorfahren – der Bakterien, die vor rund 1,5 Mrd. Jahren von unseren einzelligen Vorfahren aufgenommen worden sind. Mitochondrien und ihre DNA (mtDNA) werden von der Mutter vererbt.

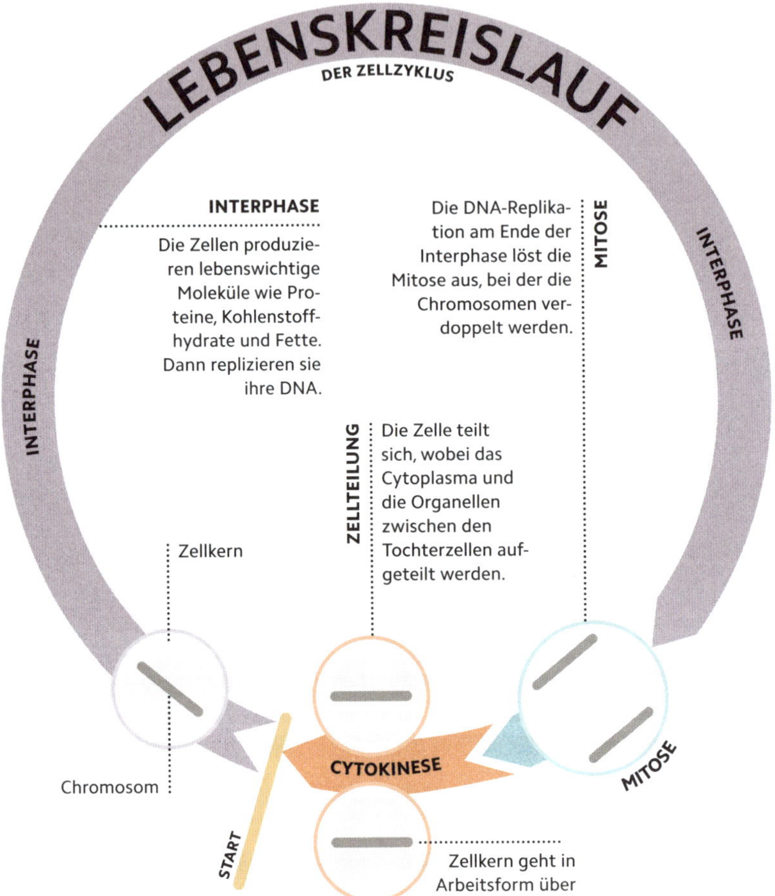

Die DNA wird kurz vor der Zellteilung repliziert (siehe S. 68–69), sodass jede der beiden Tochterzellen alle genetischen Informationen erhält, die sie für ihre Funktion benötigt. Die DNA-Replikation und die Zellteilung sind Teile des Zellzyklus. Der gesamte Zyklus dauert bei menschlichen Zellen rund 24 Stunden. Die Zellen vergrößern sich zuerst in der Interphase. Dieser längste Teil des Zyklus dauert viele Stunden. Es folgen die Mitose und die Zellteilung oder Cytokinese, nach der der Zyklus wieder von vorn beginnt.

VERDOPPLUNG

Es gibt zwei Formen der Zellteilung – die Mitose und die Meiose. Die Mitose produziert Zellen, die genetisch mit ihrer Elternzelle übereinstimmen. Sie liefert die neuen Zellen, die für das Wachstum und die Heilung des Organismus nötig sind. Die Mitose findet in fast allen Zellen eines wachsenden Körpers statt. Der zweite Typ, die Meiose, findet nur in den Geschlechtsorganen statt. Durch sie werden die Keimzellen oder Gameten (Spermien und Eizellen) erzeugt.

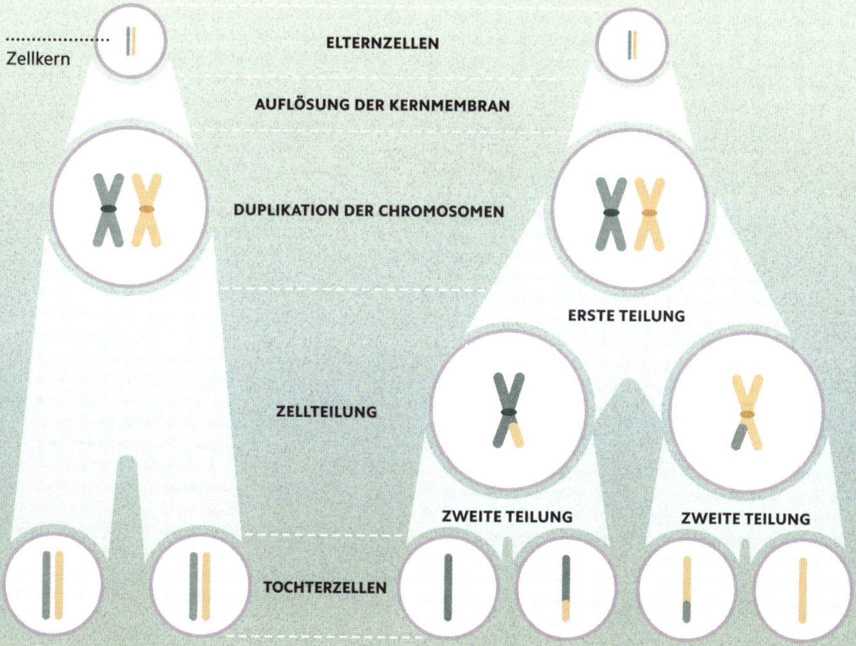

Mitose

Zwei Tochterzellen haben sich gebildet. Sie stimmen genetisch mit der Elternzelle überein und haben die gleiche Anzahl an Chromosomen.

Meiose

Vier Tochterzellen haben sich gebildet. Diese Keimzellen haben nur die Hälfte der Chromosomen der Elternzelle und unterscheiden sich genetisch von ihr (siehe S. 78–81).

TANZ DER CHROMOSOMEN

Hat eine sich teilende Zelle ihre DNA repliziert (siehe S. 70–71), sorgt eine präzise Abfolge von Schritten dafür, dass sich zwei Tochterzellen bilden, die jeweils einen vollständigen Satz genetischen Materials enthalten. Dieser Prozess, die Mitose, kann in weniger als einer Stunde ablaufen und unter dem Mikroskop beobachtet werden. Er wird von Strukturen innerhalb der Zelle unterstützt, darunter langen röhrenartigen Mikrotubuli, die sich schnell verkürzen oder verlängern können.

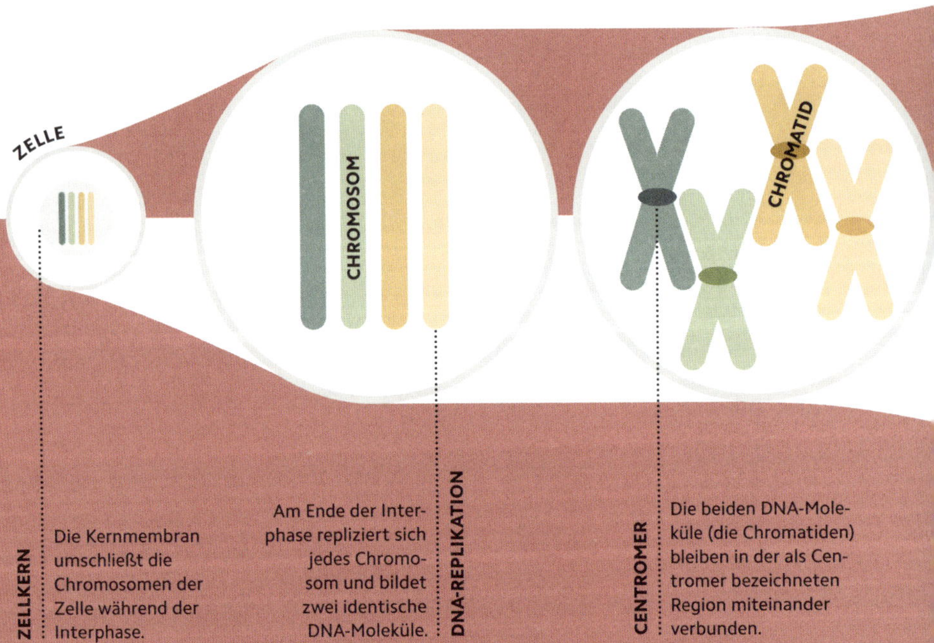

Interphase
Während der Interphase (siehe S. 66) wächst eine Zelle, erzeugt energiereiche Stoffe und produziert die Moleküle, die sie benötigt, um sich in zwei Tochterzellen zu teilen.

Prophase
Die DNA der Zelle kondensiert zu dicken Chromatiden, die unter dem Mikroskop sichtbar sind. Die Kernhülle löst sich auf.

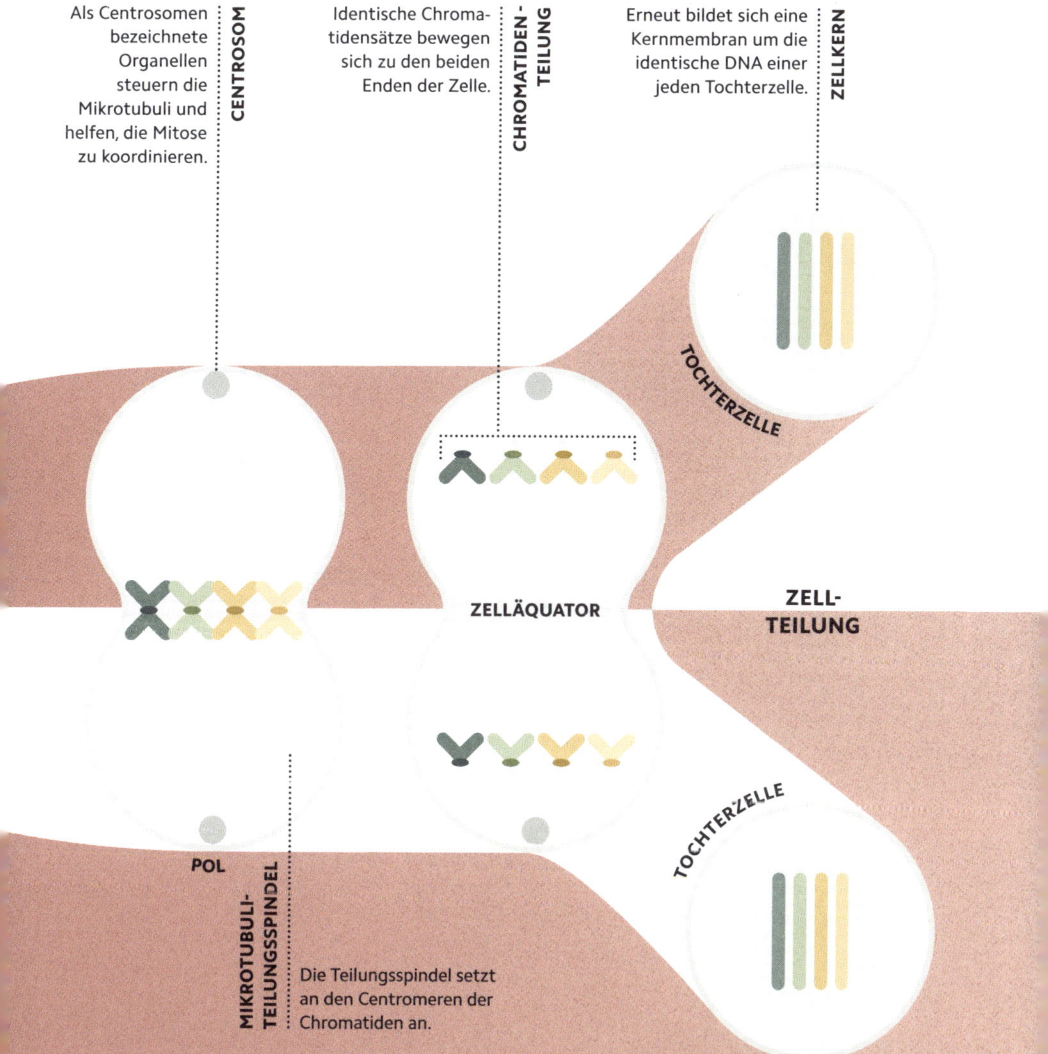

Metaphase
Mikrotubuli bilden eine Teilungsspindel, die die Chromosomen am Zelläquator aufreiht.

Anaphase
Die Spindeln verkürzen sich, sodass die Chromatiden zu den entgegengesetzten Polen gezogen werden.

Telophase und Cytokinese
Der Inhalt der Zelle wird zwischen den Tochterzellen aufgeteilt.

SCHNELLKOPIEN

Ein einziges menschliches Chromosom enthält ein DNA-Molekül, das Millionen von Basenpaaren umfasst – eine gewaltige Anzahl von Informationen, die bei jeder Zellteilung kopiert werden. Die Kopie eines DNA-Strangs von einem Ende zum anderen wäre viel zu langsam. Stattdessen findet die Replikation gleichzeitig an vielen Stellen entlang eines jeden DNA-Moleküls statt. Es gibt viele Replikationsblasen, an denen sich die beiden DNA-Stränge trennen und Matrizen bilden, an die neue Nukleotide angelagert werden können.

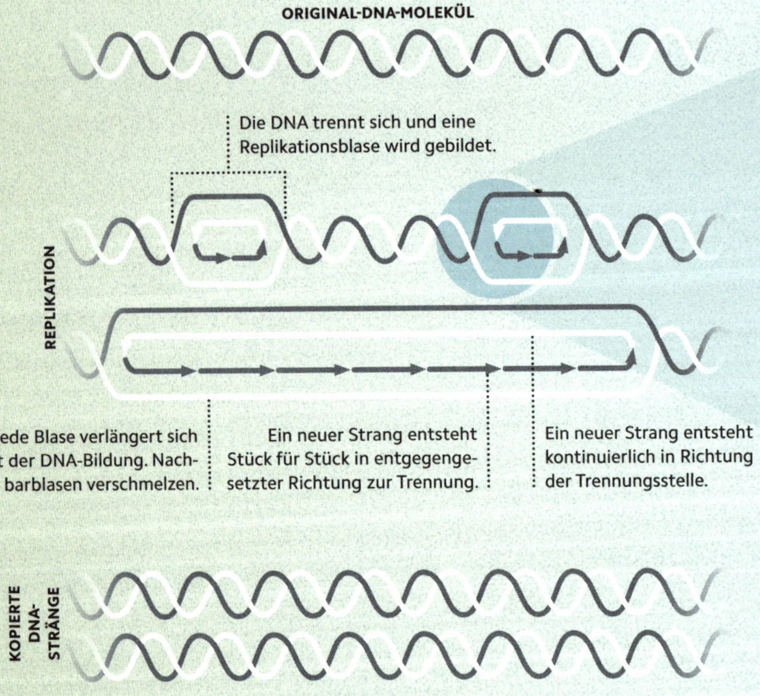

Replikationsblasen
Die vielen Blasen entlang eines Chromosoms verlängern sich und verschmelzen schließlich mit den Nachbarn. Zwei identische DNA-Stränge sind das Ergebnis.

Das menschliche Chromosom Nummer 1 enthält etwa 249 Mio. Basenpaare.

KOPIERENDES ENZYM Das Enzym DNA-Polymerase liest die bestehende DNA-Matrize und setzt einen komplementären DNA-Strang zusammen.

LEIT- UND FOLGESTRANG DNA kann nur in eine Richtung zusammengesetzt werden. Der Leitstrang wird an einem Stück erstellt. Der Folgestrang muss aus vielen kurzen Fragmenten zusammengesetzt werden.

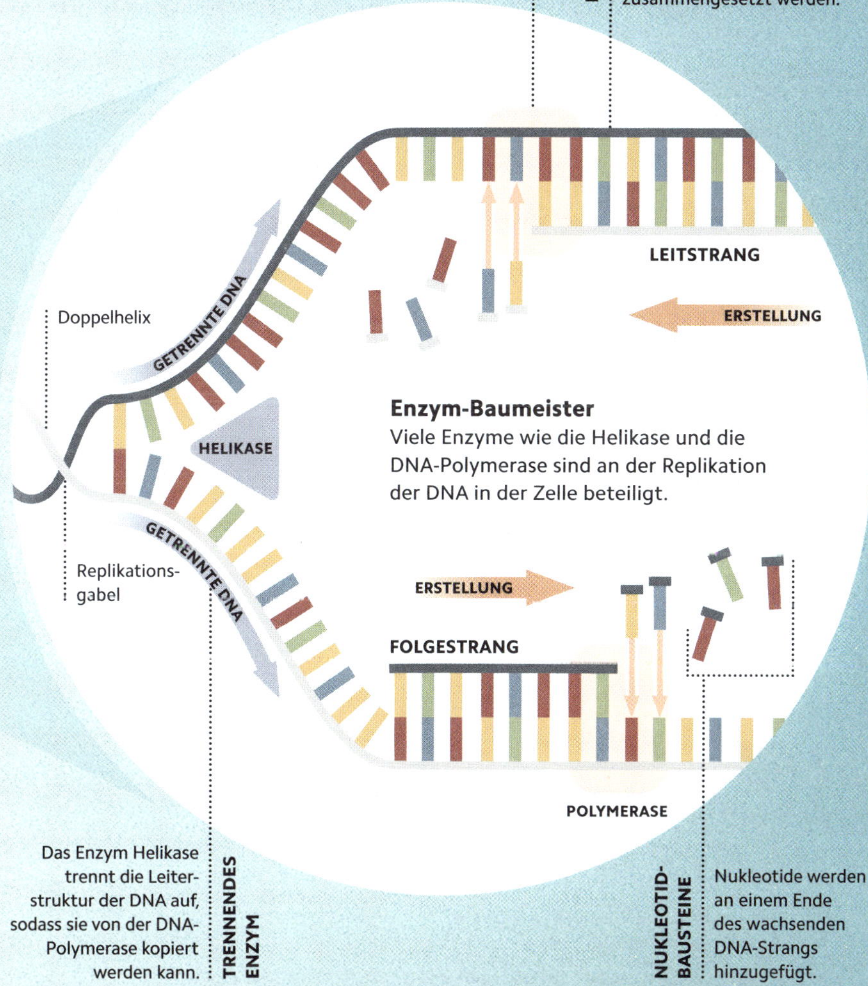

Enzym-Baumeister
Viele Enzyme wie die Helikase und die DNA-Polymerase sind an der Replikation der DNA in der Zelle beteiligt.

TRENNENDES ENZYM Das Enzym Helikase trennt die Leiterstruktur der DNA auf, sodass sie von der DNA-Polymerase kopiert werden kann.

NUKLEOTID-BAUSTEINE Nukleotide werden an einem Ende des wachsenden DNA-Strangs hinzugefügt.

GENE UN
FORTPFL

D

ANZUNG

Lebewesen erzeugen neue Generationen von Individuen und ersetzen so gestorbene. Einige können genetisch identische Klone bilden, doch die meisten Lebenszyklen umfassen Paarungen von Elternorganismen. Dabei werden ihre Gene gemischt, sodass eine genetische Vielfalt entsteht, die sich auf den Körperbau und das Verhalten der Nachkommen auswirkt. Das verbessert ihre Chancen, in einer sich verändernden Welt zu überleben. Genetische Variabilität wird von Vorgängen hervorgerufen, die sich im mikroskopisch kleinen Bereich abspielen. Die als Meiose bezeichnete Zellteilung erzeugt Keimzellen, die bei der Befruchtung verschmelzen und Gene an die nächste Generation weitergeben.

HIN ZUM BESSEREN

Die einfachste Möglichkeit der Fortpflanzung ist die ungeschlechtliche. Bakterien, viele Pflanzen und sogar manche Tiere beherrschen sie. So können sich Seeanemonen durch Knospung vermehren. Sexuelle Lebenszyklen werden aber von den meisten Arten bevorzugt, obwohl die Paarung Kosten und Risiken beinhaltet. Sie erhöht nämlich die Zahl der Variationen von Merkmalen und damit die Chance, dass einige der Nachkommen in einer sich verändernden Welt überleben können.

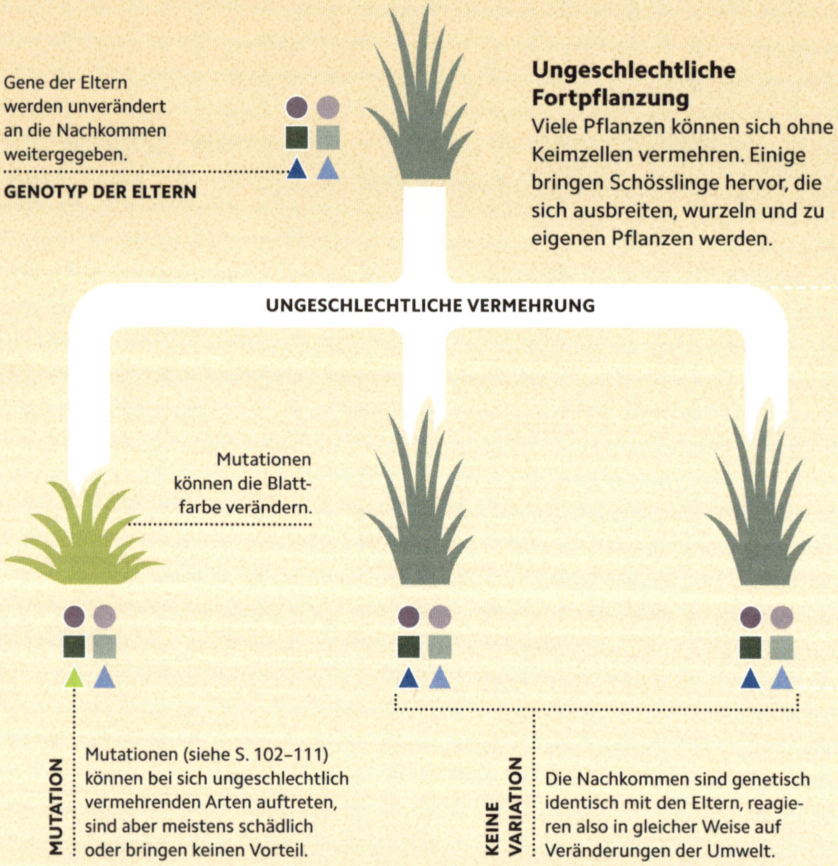

Geschlechtliche Fortpflanzung

Hier müssen männliche und weibliche Keimzellen gebildet werden und bei der Befruchtung miteinander verschmelzen. Dabei werden die Gene der Eltern neu kombiniert, sodass die Nachkommen genetisch variabel sind. Einige von ihnen werden besser als andere an Umweltveränderungen angepasst sein, sodass ihre Gene mit größerer Wahrscheinlichkeit weitergegeben werden.

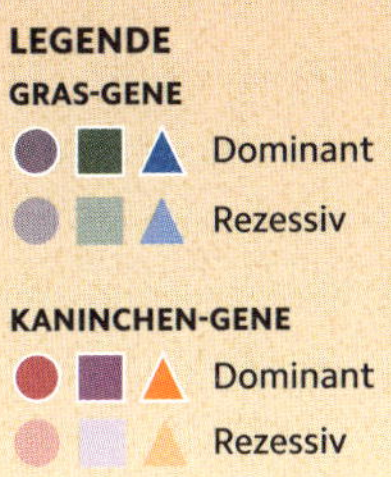

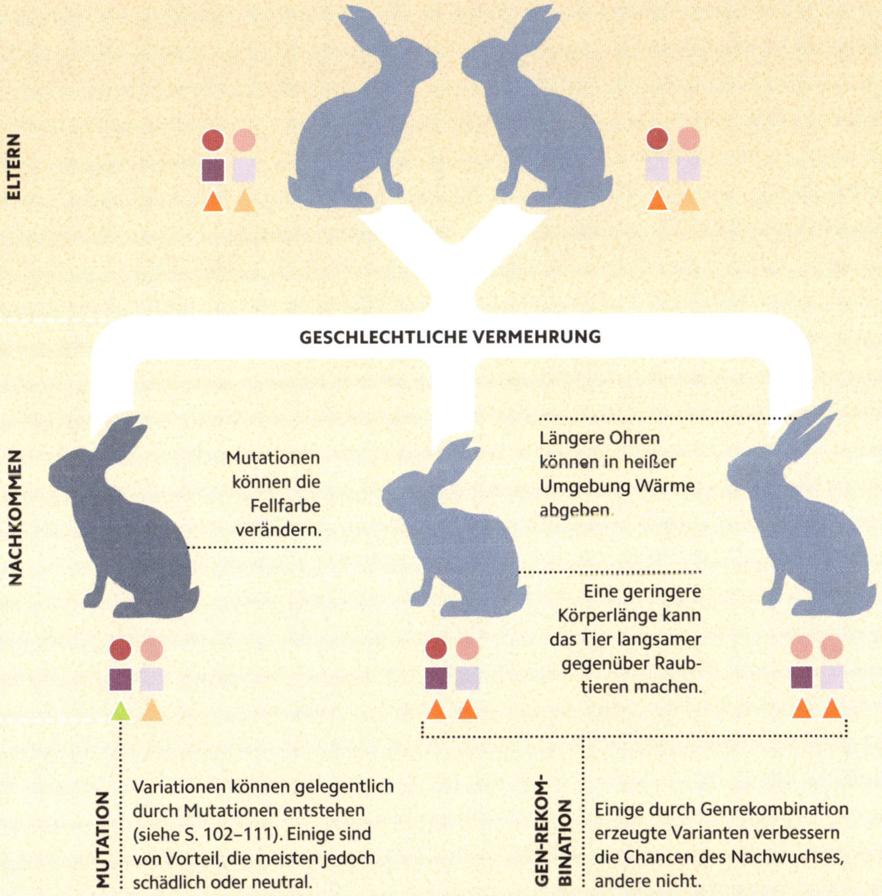

ZWEI DASEINSZUSTÄNDE

Die meisten Pflanzen und Tiere besitzen zwei Chromosomen- und damit auch Gensätze in ihren Körperzellen. Diesen Zustand doppelter Chromosomen bezeichnet man als diploid. Die Eltern erzeugen Keimzellen – Eizellen, Spermien oder Pollen –, die einen einfachen Chromosomen- und damit auch Gensatz besitzen. Sie werden als haploid bezeichnet. Manche Pilze und Pflanzen verbringen allerdings den größten Teil ihres Lebens im haploiden Stadium.

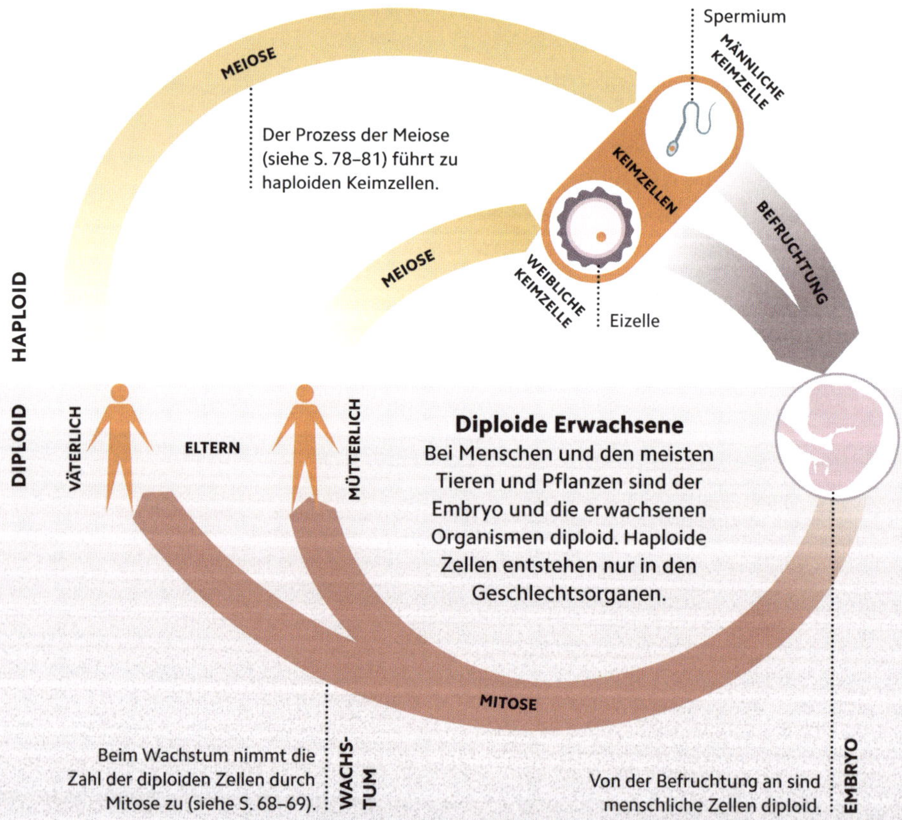

> **Der Lebenszyklus der Moose umfasst diploide und haploide Generationen.**

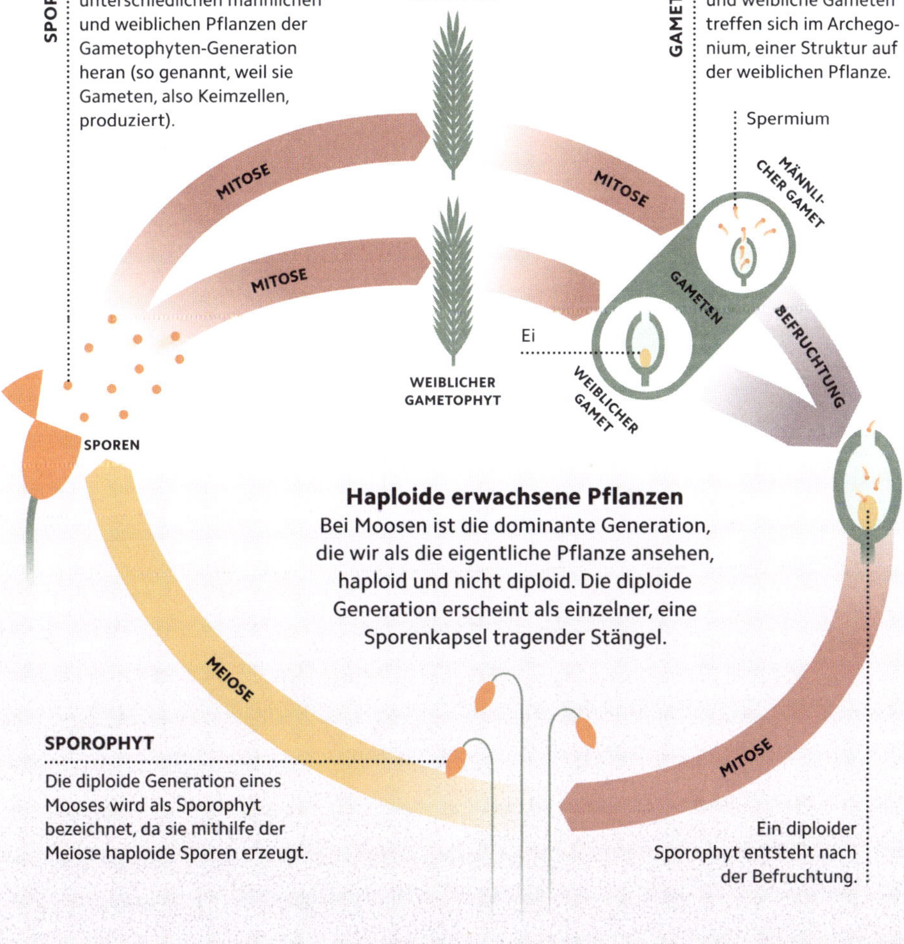

SPOREN Haploide Sporen wachsen zu unterschiedlichen männlichen und weiblichen Pflanzen der Gametophyten-Generation heran (so genannt, weil sie Gameten, also Keimzellen, produziert).

GAMETEN Haploide männliche und weibliche Gameten treffen sich im Archegonium, einer Struktur auf der weiblichen Pflanze.

Haploide erwachsene Pflanzen
Bei Moosen ist die dominante Generation, die wir als die eigentliche Pflanze ansehen, haploid und nicht diploid. Die diploide Generation erscheint als einzelner, eine Sporenkapsel tragender Stängel.

SPOROPHYT
Die diploide Generation eines Mooses wird als Sporophyt bezeichnet, da sie mithilfe der Meiose haploide Sporen erzeugt.

Ein diploider Sporophyt entsteht nach der Befruchtung.

REDUKTIONSTEILUNG

Eine besondere Art der Zellteilung, die diploide Zellen in haploide Eier und Spermien teilt, ist die Meiose (griechisch für »Verminderung«). Wie der Mitose (siehe S. 68–69) geht der Meiose eine DNA-Replikation voraus (siehe S. 70–71). Dann folgen zwei Runden der Zellteilung: Meiose I und Meiose II. Die erste halbiert die Chromosomenzahl, die zweite trennt die während der Replikation entstandenen DNA-Kopien. Anders als bei der Mitose können hier die Allele der Eltern durch Crossing-over neu gemischt werden – homologe Chromosomen tauschen genetisches Material aus.

Crossing-over
Abschnitte der DNA können auf homologen Genen getauscht werden (siehe S. 42–43). Rekombination findet durch Crossing-over statt.

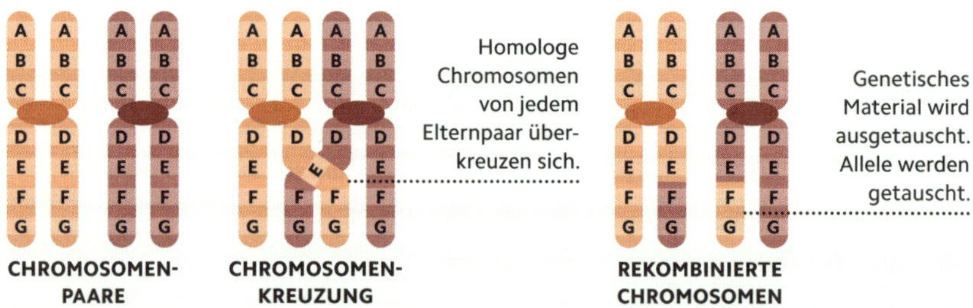

Prophase I
Die Chromosomen werden kondensiert und die Kernmembran löst sich auf. Rekombination zwischen homologen Chromosomen findet durch Crossing-over statt.

Metaphase I
Die homologen Chromosomen bewegen sich zum Zelläquator und verbinden sich mit dem Spindelapparat (siehe S. 68–69).

> **Die Meiose findet nur in Gameten oder Sporen bildenden Geschlechtsorganen statt.**

CENTROSOMEN
Die sogenannten Centrosomen steuern die Mikrotubuli und unterstützen die Prozesse der Meiose.

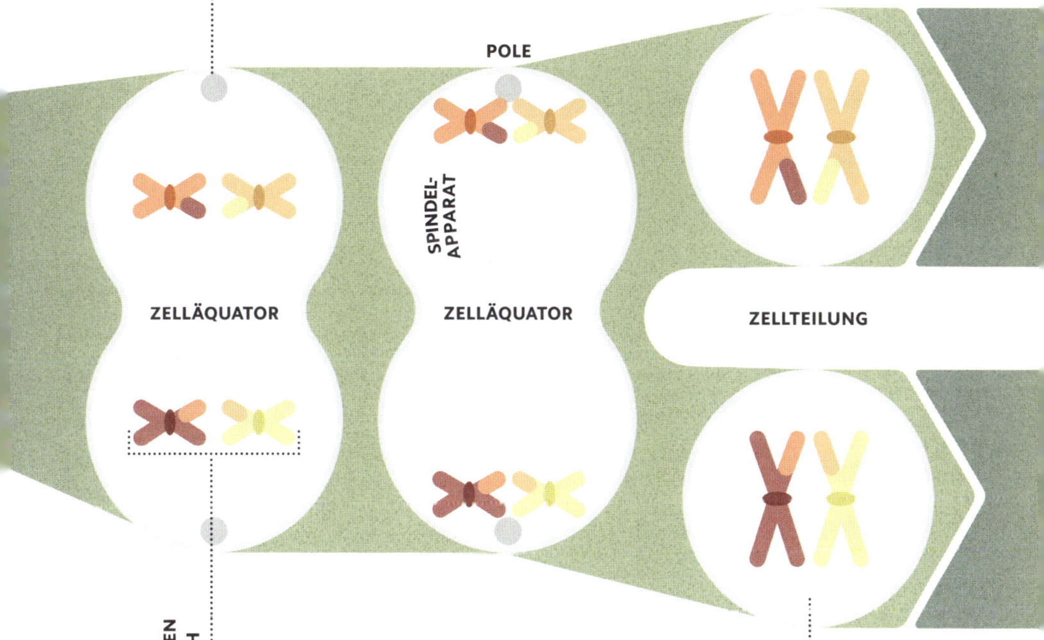

CHROMOSOMEN TRENNEN SICH
Die Chromosomen werden durch Verkürzung der Mikrotubuli getrennt.

ZELLKERN
Kernmembranen entstehen um die DNA der Tochterzellen.

Anaphase I
Die homologen Chromosomen bewegen sich zu den entgegengesetzten Polen der Zelle.

Telophase I und Cytokinese
Die Chromosomen erreichen die Pole der Zelle. Das Cytoplasma teilt sich und damit die Zelle.

Die Meiose ist vermutlich vor 1,2 Mrd. Jahren aus der Mitose entstanden.

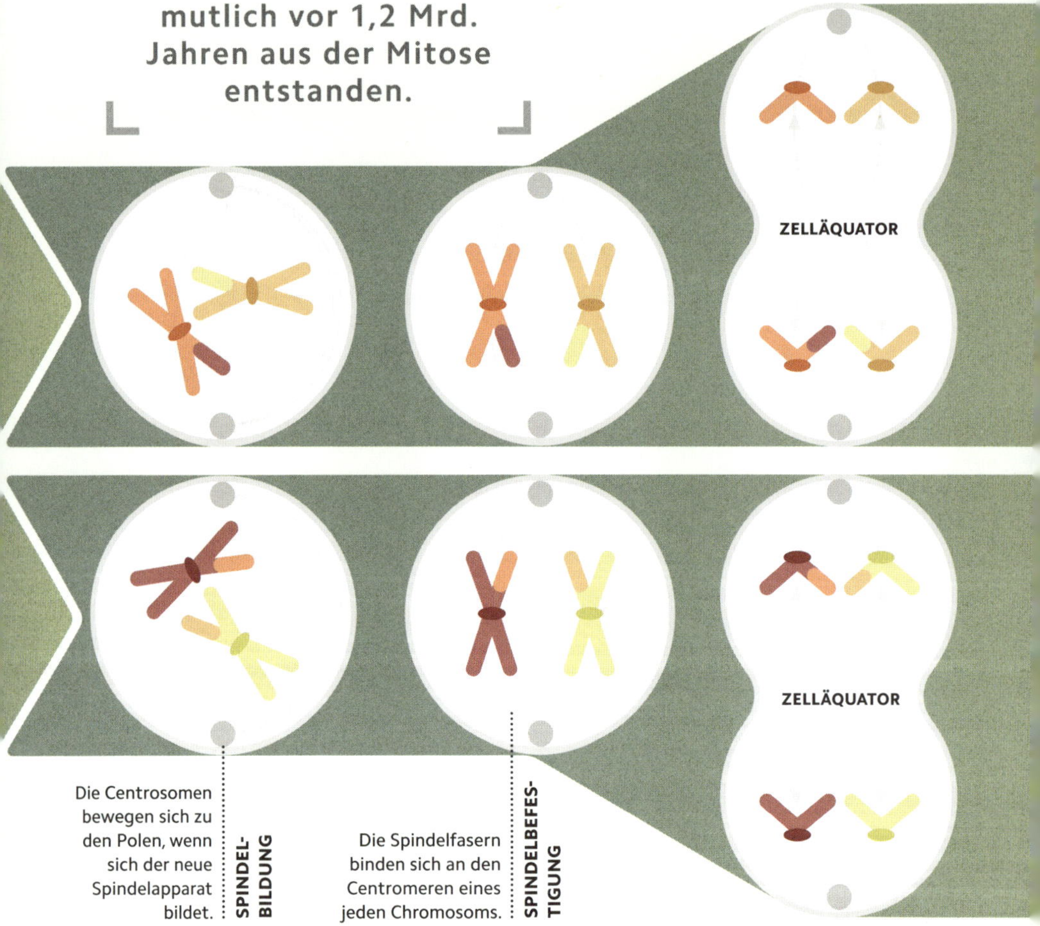

Prophase II
Die Kernmembran löst sich auf. Die beiden Chromatiden sind am Centromer verbunden.

Metaphase II
Die Chromosomen richten sich am Äquator der Zelle aus.

Anaphase II
Die Centromere teilen sich und die Chromatiden werden zu den Polen gezogen.

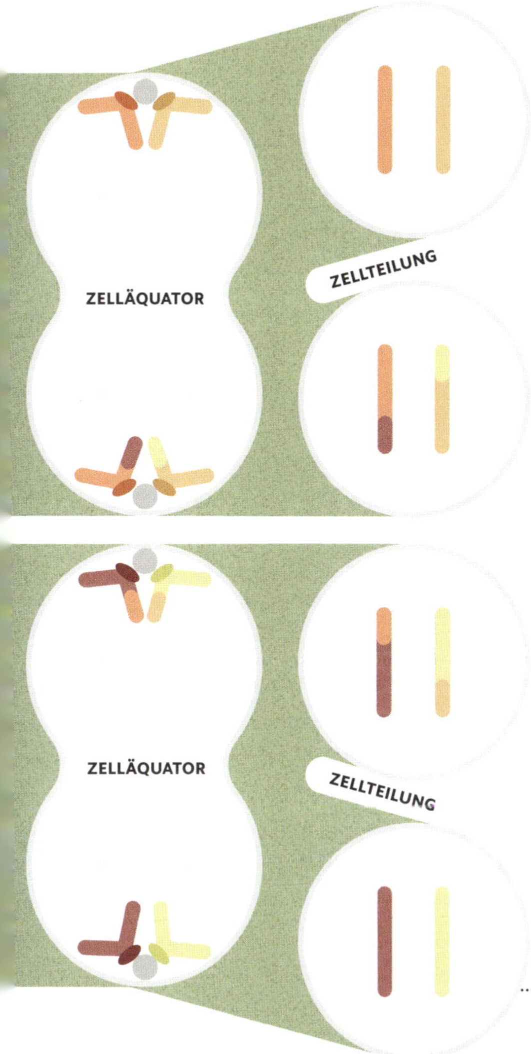

GAMETEN-BILDUNG

Im zweiten Teil der Meiose werden die Schwesterchromatiden getrennt. Die durch diesen Prozess gebildeten Zellen werden die Gameten oder Keimzellen. Die in den weiblichen Ovarien gebildeten Eizellen sind die größeren Keimzellen und liefern den Großteil des Zellmaterials für die ersten Zellen der nächsten Generation. Die in den Hoden erzeugten Spermien sind kleiner und zahlreicher, da viele Spermien die Chance erhöhen, auf eine Eizelle zu treffen. Die haploiden Gensätze der männlichen und weiblichen Keimzellen ergeben zusammen den diploiden Satz in der befruchteten Eizelle (Zygote).

HAPLOIDE ZELLEN

Die bei der Meiose gebildeten Keimzellen sind haploid und ihr genetisches Material ist neu gemischt worden, sodass sich die Nachkommen durch genetische Rekombination untereinander und von beiden Eltern unterscheiden.

Telophase II und Cytokinese
Die Kernmembranen bilden sich und schließen die Chromosomen in jeder der vier haploiden Tochterzellen ein.

DIE **FUN**
DER **GEN**

KTION

E

Ein lebender Körper ist eine komplexe Maschine. Er kombiniert die grundlegenden Eigenschaften des Lebens – Wachstum, Atmung und Vermehrung – mit der Spezialisierung, die das Individuum und seine Art betrifft. All diese Eigenschaften rühren von der Arbeit der Gene her, die die Entwicklung und die Funktion der Zellen steuern. Das umfasst komplexe Interaktionen zwischen den Biomolekülen. Gene sind DNA-Abschnitte, die digitale Informationen tragen. Diese Informationen dienen der Produktion von Proteinen, die lebenswichtige Prozesse antreiben und als Bausteine des Körpers dienen. Ein Gen codiert ein bestimmtes Protein.

EIN GEN, EIN PROTEIN

Im 20. Jahrhundert entwickelte Techniken der Zellbiologie entschlüsselten die Arbeitsweise der Gene auf molekularer Ebene. Erste Hinweise kamen von Experimenten mit dem Brotschimmel (*Neurospora*), die zeigten, wie eine einzelne Genmutation eine bestimmte chemische Reaktion beeinflussen konnte. Jede Reaktion wird von einem Enzym (ein Protein) katalysiert, was zur Hypothese führte, dass ein Gen den Code für die Produktion eines bestimmten Enzyms beziehungsweise Proteins liefert.

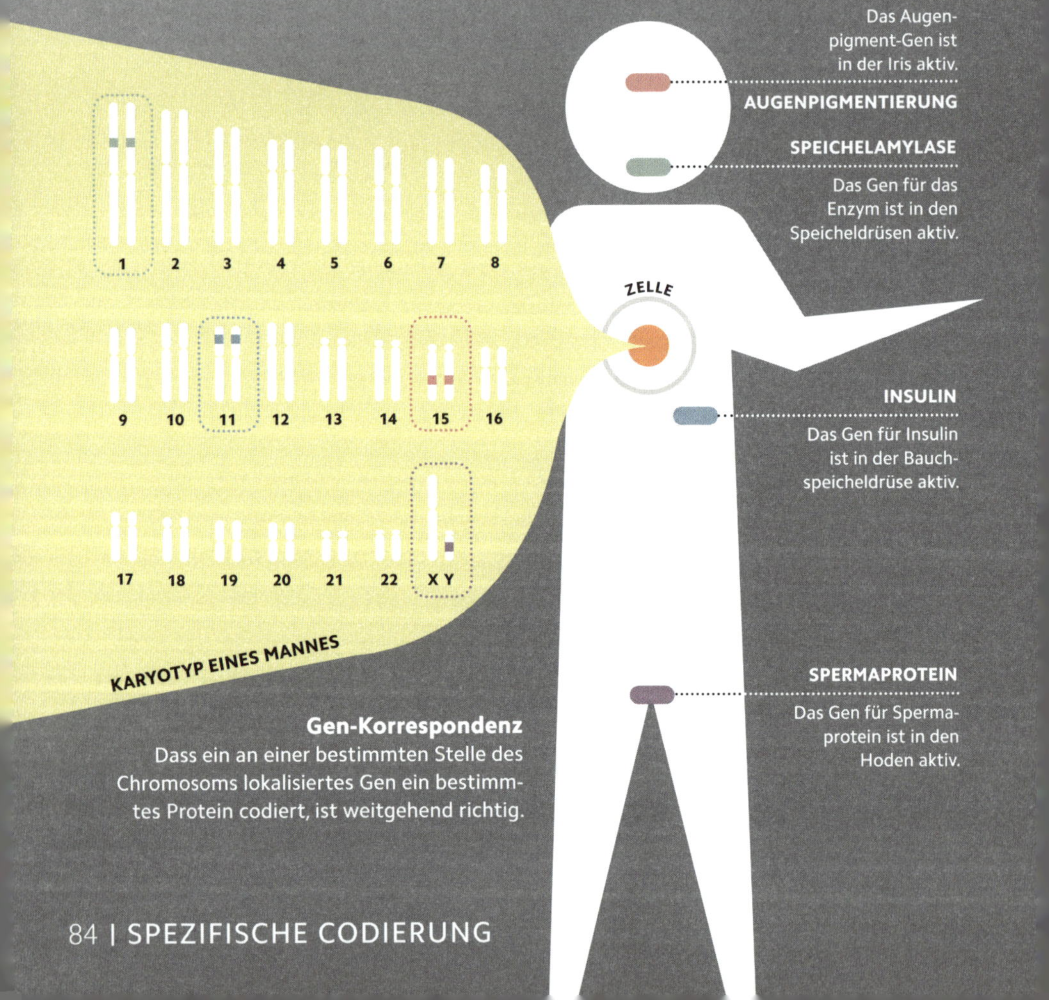

Gen-Korrespondenz
Dass ein an einer bestimmten Stelle des Chromosoms lokalisiertes Gen ein bestimmtes Protein codiert, ist weitgehend richtig.

MOLEKÜLE DES LEBENS

Proteine sind für das Leben unentbehrlich und übernehmen eine Vielzahl von Rollen im Körper. Manche wie Kollagen sind langlebige, für Haut, Muskeln und Knochen wichtige Strukturproteine. Andere wie das Insulin zerfallen innerhalb weniger Minuten, sodass ihre Konzentration genau kontrolliert werden kann. Nicht alle Proteine werden dauerhaft produziert: Gene können die Proteinproduktion ein- und ausschalten.

Proteinfaltung
Verschiedene chemische Bindungstypen wie Disulfid- und Wasserstoffbrückenbindungen, Ionenbindungen und hydrophobe Wechselwirkungen bestimmen die Form der Proteine.

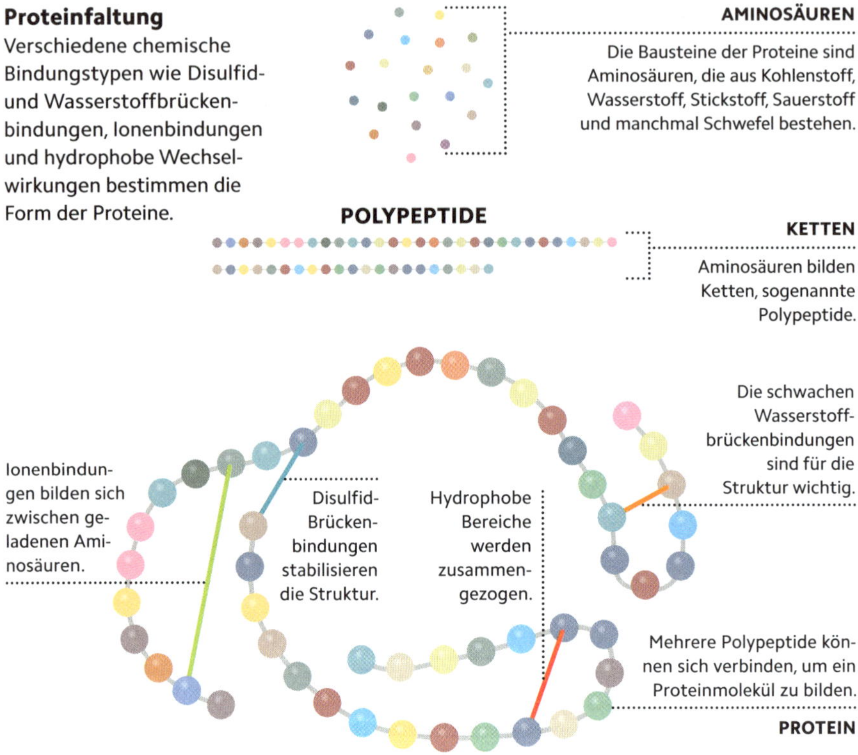

FORM UND FUNKTION

Proteine (Eiweiße) sind so unterschiedlich, weil ihre Moleküle groß und komplex gebaut sind. Jedes Protein besteht aus einer langen Kette von Aminosäuren – kleineren organischen Molekülen –, die mit sogenannten Peptidbindungen verbunden sind. Nur 20 verschiedene Aminosäuren sind in den Proteinen der Lebewesen vorhanden, doch sie können zu Ketten von mehreren Tausend Gliedern verbunden sein. Die Abfolge der Aminosäuren in einer Kette bestimmt, wie sich das Protein faltet und auf diese Weise eine einzigartige dreidimensionale Form annimmt. Von dieser Form ist die Funktion des Proteins abhängig.

BIOLOGISCHE KATALYSATOREN

Enzyme sind eine Gruppe von Proteinen, ohne die das Leben nicht existieren könnte. Sie beschleunigen chemische Prozesse im Körper, die sonst extrem langsam verliefen. Zellen enthalten viele Tausend unterschiedliche Enzyme. Und die Gegenwart oder das Fehlen eines bestimmten Enzyms bestimmt, welche chemischen Reaktionen in dieser Zelle ablaufen. Enzyme arbeiten sehr spezifisch an nur einem Molekültyp, und obwohl sie zelluläre Reaktionen kontrollieren, werden sie selbst bei diesen Reaktionen nicht verbraucht.

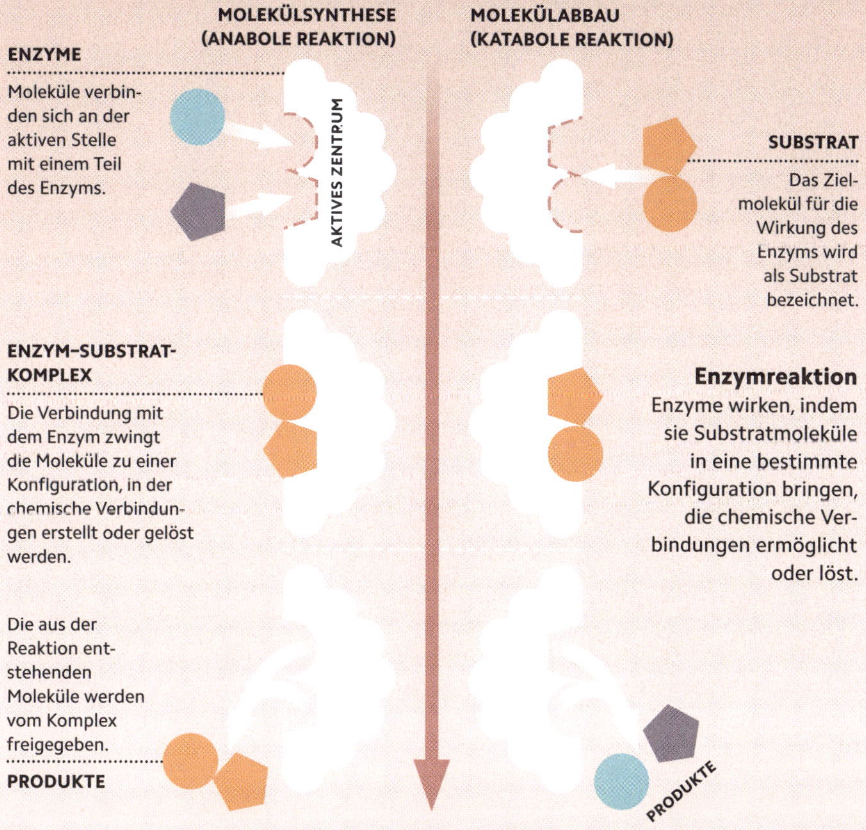

Einwegstraße
Die Übertragung der Information von der Nukleinsäure zu einem Protein ist möglich, nicht aber die von Protein zu Protein oder vom Protein zur Nukleinsäure.

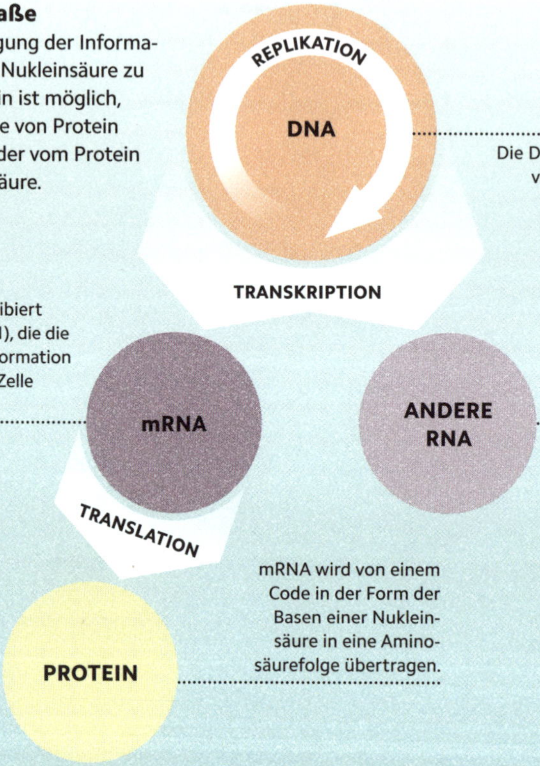

Die DNA repliziert sich vor der Zellteilung (siehe S. 70–71).

DNA wird zu mRNA transkribiert (siehe S. 90–91), die die genetische Information innerhalb der Zelle weiterleitet.

DNA wird zu anderen RNA-Molekülen transkribiert, die am Spleißen, der Übertragung von Aminosäuren und dem Bau von Ribosomen beteiligt sind (siehe S. 92–93).

mRNA wird von einem Code in der Form der Basen einer Nukleinsäure in eine Aminosäurefolge übertragen.

DAS ZENTRALE DOGMA

Sowohl die DNA als auch die Proteine sind Moleküle, die aus langen Ketten von Untereinheiten bestehen – Basen bei der DNA, Aminosäuren bei den Proteinen. Die Abfolge der Untereinheiten lässt sich als Reihe digitaler Informationen betrachten, so wie Buchstaben in einem Wort oder Binärcode in Computerprogrammen. Die DNA-Basensequenzen bildet den Code für die Aminosäureabfolge in einem Protein, die wiederum die Proteinform bestimmt. Diese Form legt die Funktion des Proteins fest. Diese Informationen sind so fundamental wichtig für das Leben, dass sie als zentrales Dogma der Biologie gelten.

DREI-BUCHSTABEN-WORTE

Eine Basenfolge auf einem DNA-Molekül codiert eine Folge von Aminosäuren in einem Proteinmolekül. Die DNA besitzt jedoch nur vier verschiedene Basen, während die Proteine aus 20 unterschiedlichen Aminosäure-Bausteinen bestehen. Das bedeutet, dass der genetische Code komplizierter als eine Eins-zu-eins-Beziehung zwischen Basen und Aminosäuren sein muss. Tatsächlich ist es eine aus drei Basen bestehende Folge, ein Triplett, das eine Aminosäure codiert. Daher gibt es 64 mögliche Kombinationen der drei Basen (etwa CGA und AAU), mehr als genug, um damit 20 verschiedene Aminosäuren zu beschreiben.

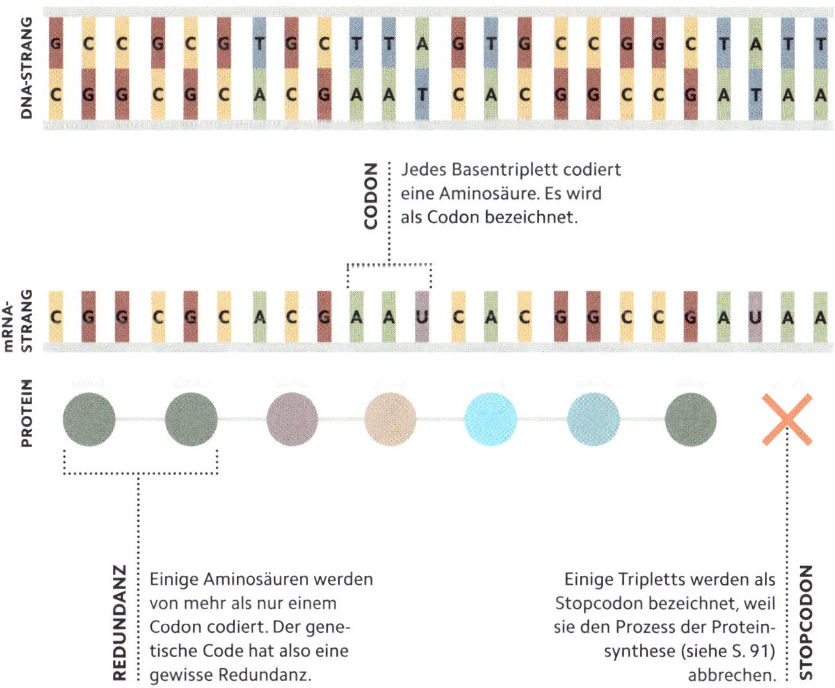

DNA AUSLESEN

Gene sind Abschnitte der DNA, die Proteine codieren. Sie sind in den Chromosomen enthalten, die sich im Zellkern befinden. Die Proteine werden an den Ribosomen (im Cytoplasma befindliche Organellen) zusammengesetzt. Genetische Informationen müssen vom Zellkern zu den Ribosomen gelangen. Das geschieht mithilfe einer Nukleinsäure namens Messenger-RNA oder mRNA (siehe S. 63). Die durch das Aufschmelzen der DNA-Doppelhelix zugänglichen Gene dienen als Matrizen, um bei der Transkription komplementäre mRNA-Stränge zu erzeugen. Diese spiegelbildlichen Genkopien gelangen zu den Ribosomen und das DNA-Molekül wickelt sich wieder auf.

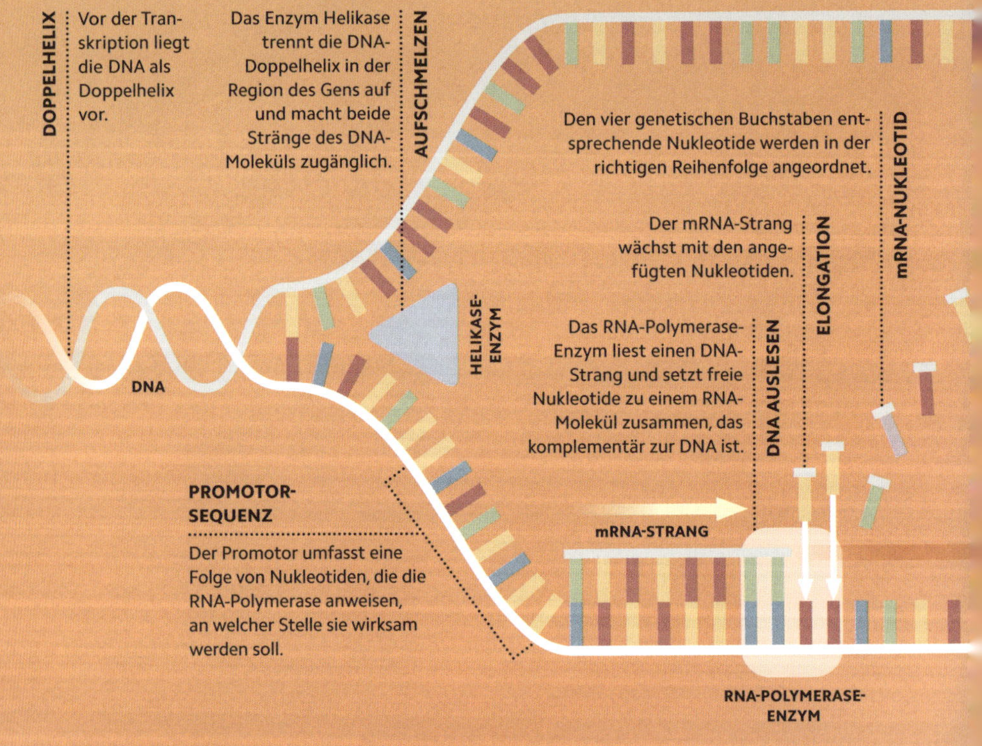

Transkription

Wenn ein Gen angeschaltet wird (siehe S. 96–97), wird sein entsprechender DNA-Abschnitt aufgeschmolzen, sodass Enzyme das Gen zu einem Strang der mRNA kopieren können.

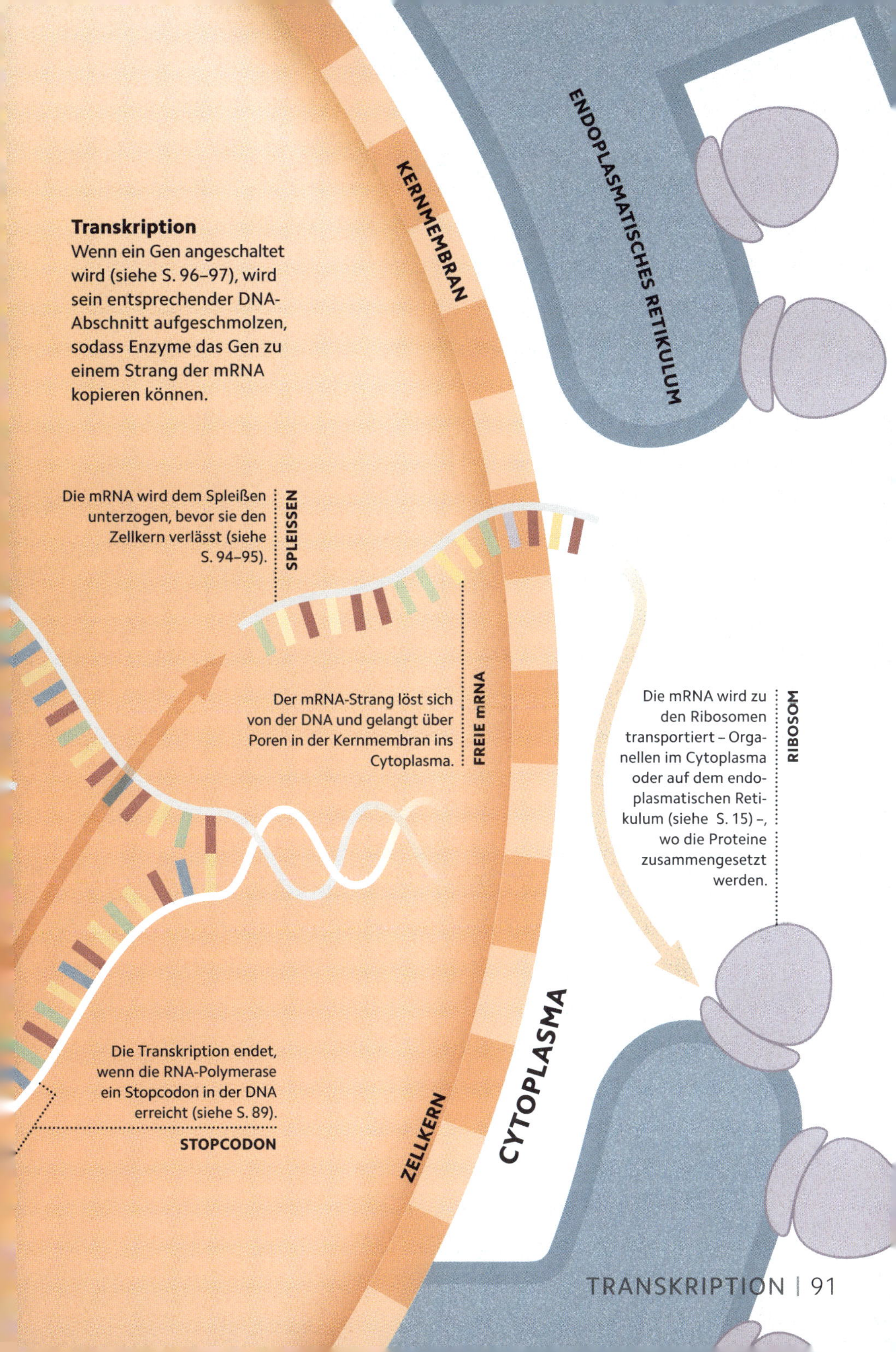

PROTEINE AUFBAUEN

Hat sie sich mit einem Ribosom verbunden, interagiert die mRNA mit einem Komplex anderer Moleküle, um Aminosäuren zu einem Protein aufzureihen. Ihre Abfolge wird von den mRNA-Codons bestimmt (siehe S. 89). Die aus zwei Untereinheiten bestehenden Ribosomen binden an das mRNA-Molekül und bewegen sich an ihm entlang, wobei sie die Drei-Buchstaben-Codons decodieren. An das Ribosom docken auch tRNA-Moleküle an (siehe S. 63) und transportieren Aminosäuren heran, die zur Proteinkette addiert werden. Ist sie vollständig, löst sie sich und nimmt die von der Aminosäureabfolge bestimmte Form an.

Translation
Bei diesem Prozess werden die Anweisungen der mRNA-Moleküle in eine Folge von Aminosäuren übersetzt, um Proteine zu synthetisieren.

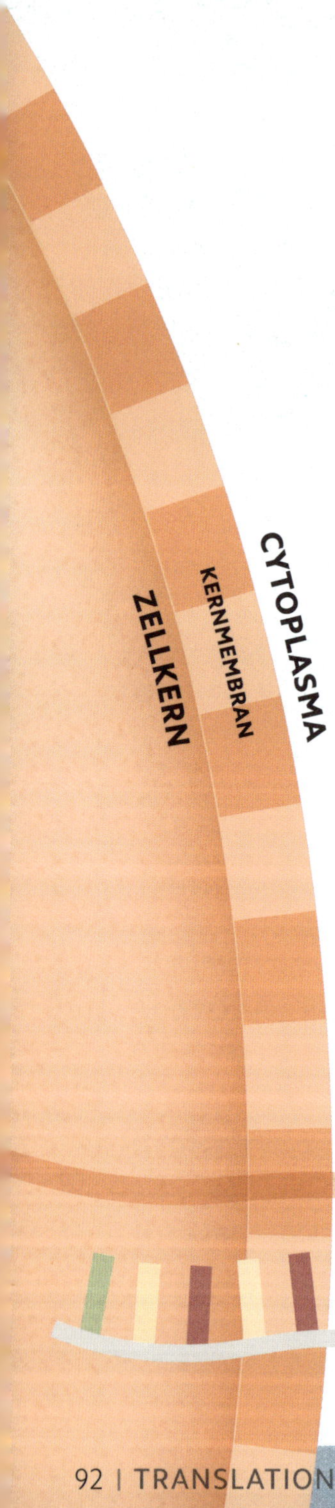

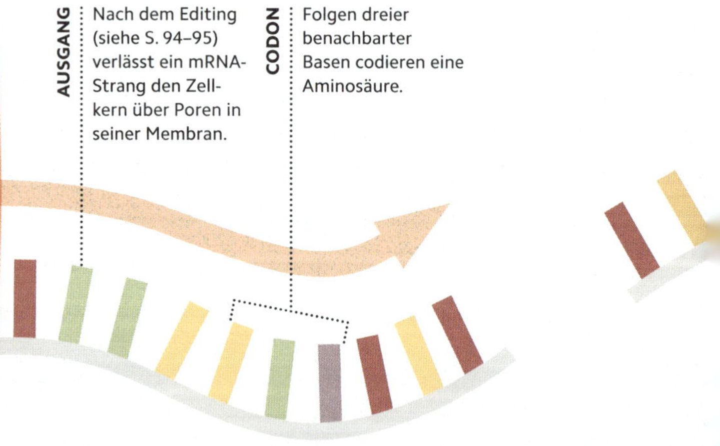

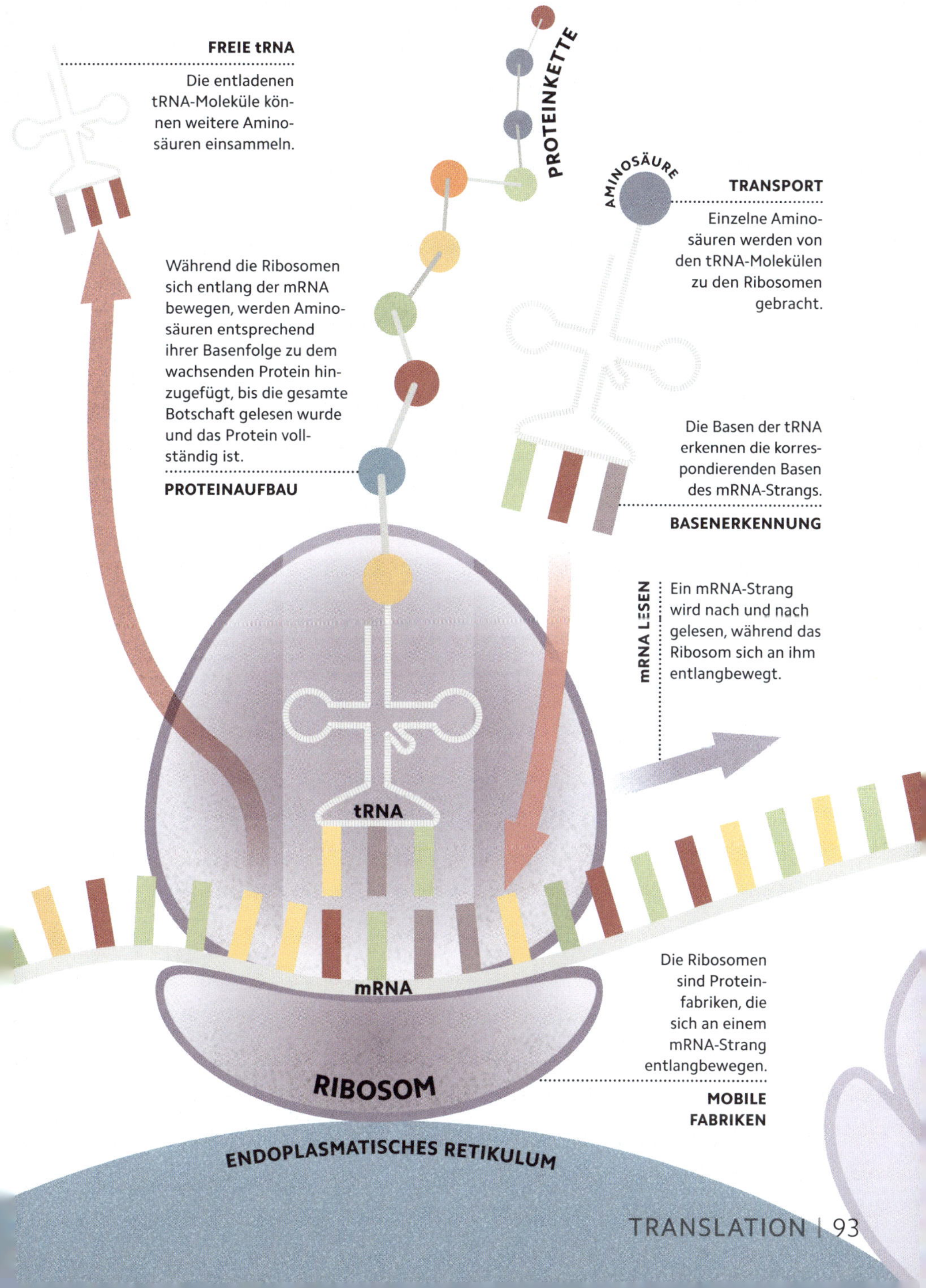
FREIE tRNA
Die entladenen tRNA-Moleküle können weitere Aminosäuren einsammeln.
PROTEINKETTE
AMINOSÄURE
TRANSPORT
Einzelne Aminosäuren werden von den tRNA-Molekülen zu den Ribosomen gebracht.
Während die Ribosomen sich entlang der mRNA bewegen, werden Aminosäuren entsprechend ihrer Basenfolge zu dem wachsenden Protein hinzugefügt, bis die gesamte Botschaft gelesen wurde und das Protein vollständig ist.
PROTEINAUFBAU
Die Basen der tRNA erkennen die korrespondierenden Basen des mRNA-Strangs.
BASENERKENNUNG
mRNA LESEN
Ein mRNA-Strang wird nach und nach gelesen, während das Ribosom sich an ihm entlangbewegt.
tRNA
mRNA
Die Ribosomen sind Proteinfabriken, die sich an einem mRNA-Strang entlangbewegen.
MOBILE FABRIKEN
RIBOSOM
ENDOPLASMATISCHES RETIKULUM

RNA SCHNEIDEN

Pflanzen- und Tier-Gene enthalten DNA-Abschnitte, die keine Aminosäuresequenzen codieren. Diese als Introns bezeichneten Regionen unterbrechen die codierenden Exons. Sie können Dutzende, aber auch Zehntausende von Basenpaaren lang sein. Introns wurden früher als Junk-DNA (Müll-DNA) betrachtet (siehe S. 64), doch sie haben wichtige Funktionen: Sie können Schutz gegen Mutationen bieten und erlauben auch ein alternatives Spleißen, sodass sie die Zahl der Proteine erhöhen, die eine Zelle aufbauen kann. Wenn RNA von der DNA transkribiert wird, werden Introns und Exons gemeinsam abgelesen. Die nichtcodierenden Introns müssen aus der mRNA herausgeschnitten werden, bevor sie zur Proteinbiosynthese eingesetzt werden kann. Diesen Prozess bezeichnet man als RNA-Editing.

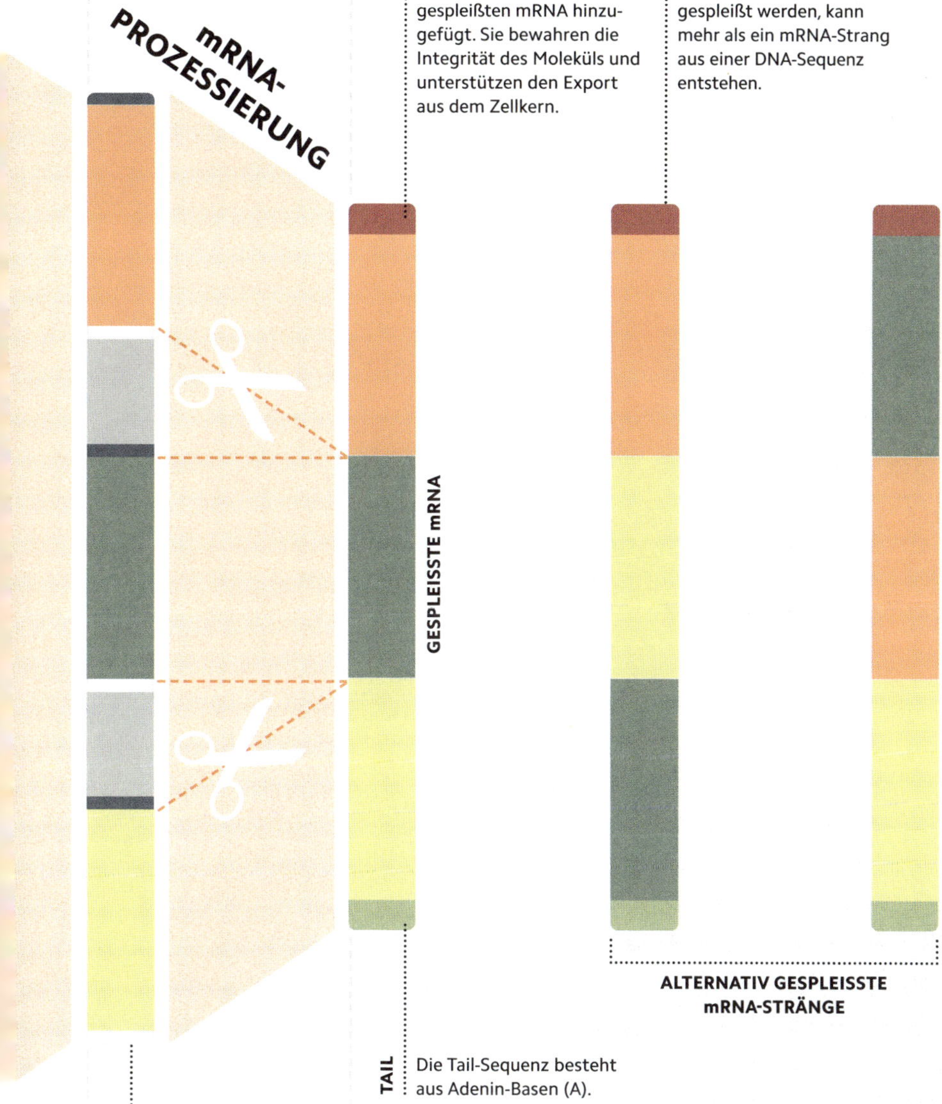

CAP Die Cap- und die Tail-Sequenz werden der gespleißten mRNA hinzugefügt. Sie bewahren die Integrität des Moleküls und unterstützen den Export aus dem Zellkern.

Indem die Exons in unterschiedlicher Reihenfolge gespleißt werden, kann mehr als ein mRNA-Strang aus einer DNA-Sequenz entstehen.

TAIL Die Tail-Sequenz besteht aus Adenin-Basen (A).

ROHE mRNA Die Introns werden von als Spleißosomen bezeichneten Enzymkomplexen herausgeschnitten.

AN- UND AUSSCHALTEN

Nicht alle Gene einer Zelle sind gleichzeitig aktiv. Die Proteine werden zu unterschiedlichen Zeiten benötigt. So muss ein einen Zucker (etwa Laktose) verdauendes Enzym nur dann aktiv sein, wenn dieser Zucker zugegen ist. Die Genaktivität wird von Substanzen reguliert, die die Transkription verstärken oder unterdrücken. Sie binden sich dazu unmittelbar an die DNA. Manche schalten Gene ein, indem sie die Bildung von mRNA einleiten. Andere blockieren die mRNA-Bildung und damit auch die der Proteine. Wieder andere verändern die Histonverpackung der DNA, um Gene zu verstecken, oder sie exponieren sie für die Transkription (siehe S. 90–91).

REGULATOR-GEN

Dieses Gen produziert ein als Lac-Repressor bezeichnetes Protein.

PROMOTOR

Dies ist die Sequenz, an die sich die RNA-Polymerase – das Enzym, das die mRNA zusammensetzt – bindet, bevor sie das Gen transkribiert.

OPERATOR

Diese Sequenz ist der Bindungsbereich für das Repressor-Protein.

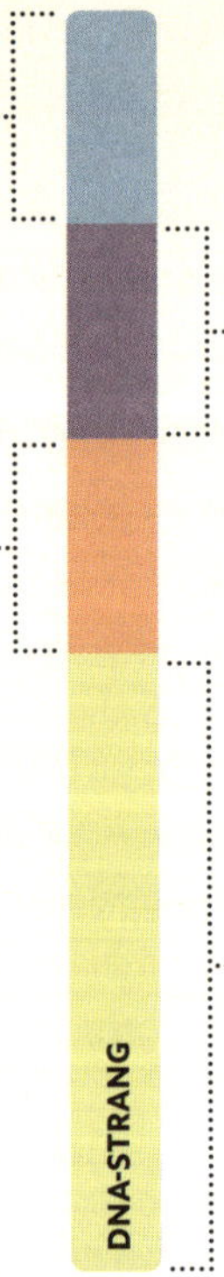

FUNKTIONALES GEN

Das ist der Teil des Lac-Operons, der das Enzym Lactase codiert.

DAS LAC-OPERON

Bei Prokaryoten wie den Bakterien sind die Gene oft Teil eines simplen, als Operon bezeichneten Regulationssystems. Beispielsweise sorgt das Lac-Operon dafür, dass das Enzym Laktase nur produziert wird, wenn der Zucker Laktose in der Bakterienzelle vorhanden ist.

LAKTOSE ABWESEND

Wenn der Zucker Laktose nicht anwesend ist, bindet sich das Lac-Repressor-Protein an den Operator, der verhindert, dass das Gen vom Polymerase-Enzym transkribiert wird.

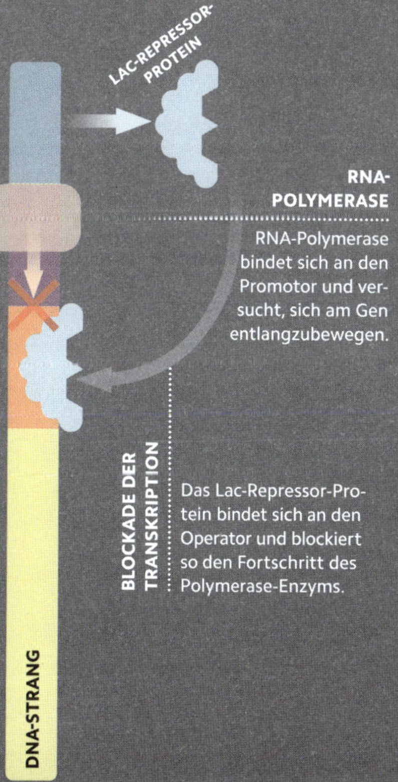

LAKTOSE ANWESEND

Wenn Laktose anwesend ist, bindet sie sich so an das Repressor-Protein, dass sich dieses nicht an den Operator binden kann. Das schaltet das Gen an.

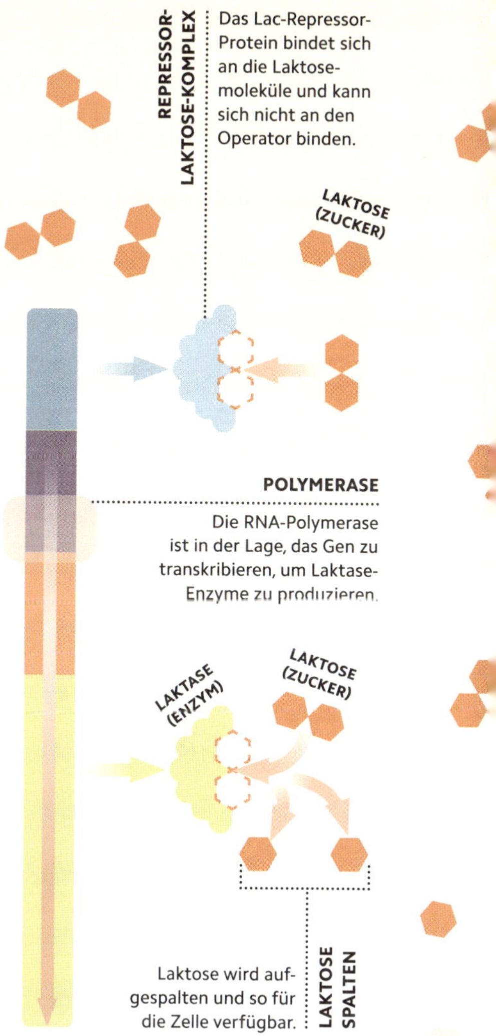

KONTROLLSYSTEME

Fast jede Zelle eines eukaryotischen Organismus trägt die gleichen Gene, doch unterschiedliche Zelltypen – etwa die des Gehirns und des Bluts – unterscheiden sich, da ihre Gene im Verlauf der Entwicklung und der täglichen Funktion ein- und ausgeschaltet werden. Während die Gene der Prokaryoten wie der Bakterien mit Operons (siehe S. 96–97) reguliert werden, werden die Gene der Eukaryoten eher von ausgefeilteren Mechanismen gesteuert, zu denen Transkriptionsfaktoren gehören.

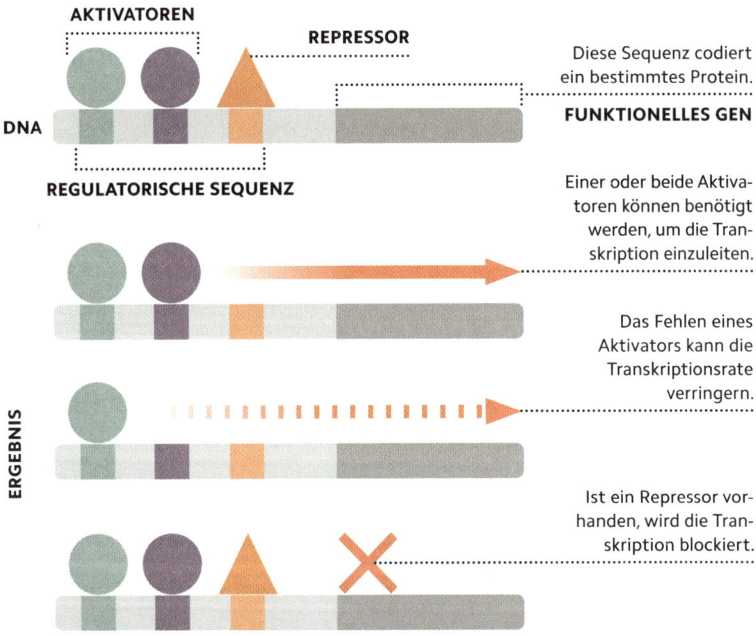

Transkriptionsfaktoren

Signale aus dem Inneren oder der Umgebung der Zelle können als Transkriptionsfaktoren bezeichnete Proteine aktivieren. Diese binden sich an die regulatorische Sequenz eines Gens. Manche von ihnen sind Aktivatoren, die die Transkriptionsgeschwindigkeit erhöhen. Repressoren blockieren die Transkription des Gens.

Signaltransduktion

Die Signale, die Gene an- und ausschalten, können aus dem Inneren der Zelle kommen und aus vielen interagierenden Faktoren bestehen. Sie können auch aus der Umgebung der Zelle stammen, wie zum Beispiel Hormone.

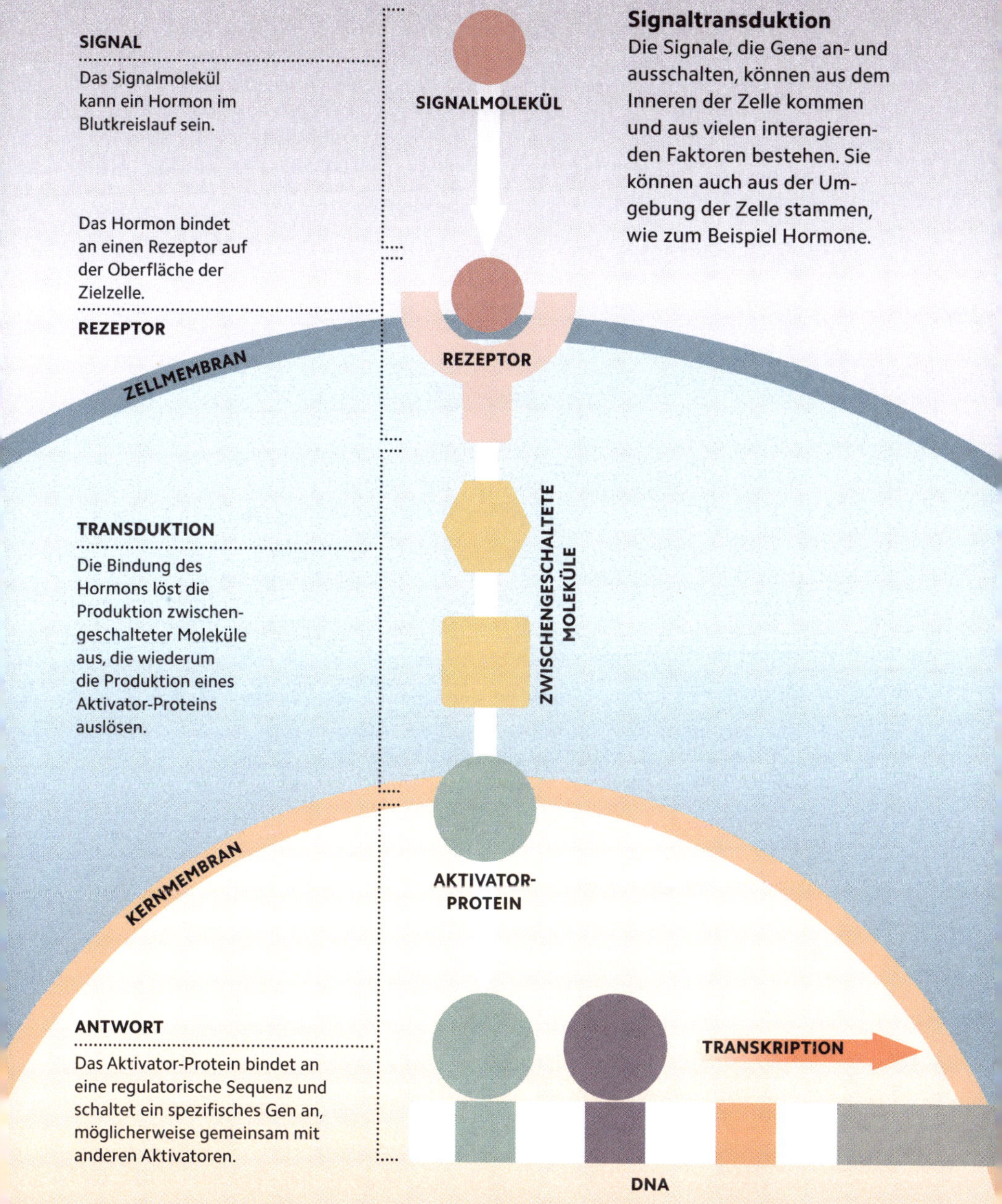

DNA-MARKIERUNG

Gene können durch die sogenannte epigenetische Programmierung dauerhaft oder teilweise an- oder ausgeschaltet werden. Das umfasst eine chemische Markierung des genetischen Materials, die Teile der DNA für die RNA-Polymerase (siehe S. 90) besser oder schlechter lesbar macht. Diese epigenetische Markierung kann sich an die Histone, um die die DNA gewickelt ist (siehe S. 62), oder direkt an die DNA-Stränge binden.

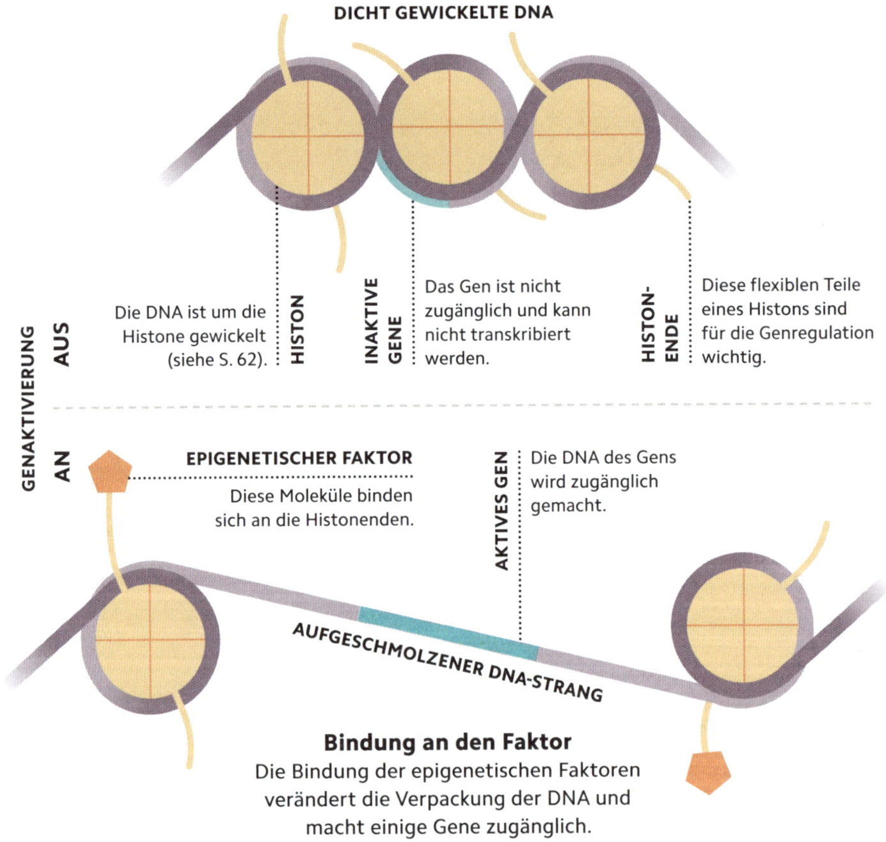

Bindung an den Faktor
Die Bindung der epigenetischen Faktoren verändert die Verpackung der DNA und macht einige Gene zugänglich.

CHEMISCHE ASYMMETRIE

Das Schicksal einer Zelle wird schon früh in ihrer Entwicklung von einer Serie chemischer Auslöser bestimmt. Einige kommen bei der ersten asymmetrischen Teilung der befruchteten Eizelle ins Spiel (wenn eine Seite mehr Dotter, die andere mehr aktive Organellen hat). Andere kommen von den mütterlichen Proteinen, die von den die Eizelle umgebenden Zellen im Ovarium stammen. Die chemischen Gradienten, die der sich entwickelnde Embryo wahrnimmt, führen dazu, dass genetisch identische Zellen sich zu bestimmten Geweben und Organen spezialisieren.

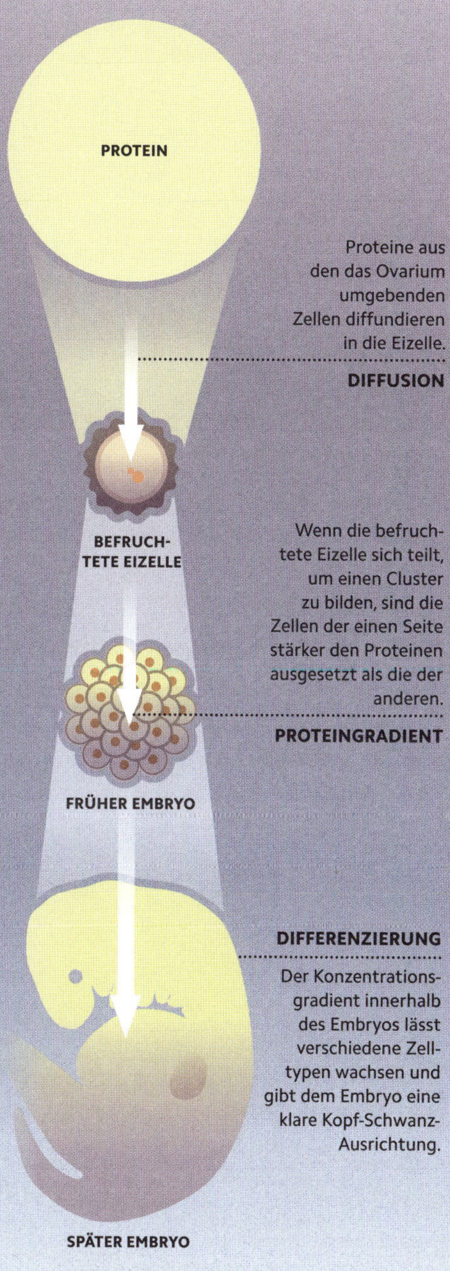

Zellschicksale
Die frühen Generationen der Zellen eines Embryos können sich in jeden Zelltyp entwickeln (das nennt man totipotent). Die Exposition gegenüber chemischen Gradienten führt zu einer Spezialisierung in Struktur und Funktion.

GENE MI
FEHLFU

T

NKTION

Gene spielen eine fundamentale Rolle im Leben. So können Mutationen – in der DNA-Sequenz der Gene auftretende Fehler – die normale Proteinfunktion stören und zum Beispiel Krebs auslösen. Einige Mutationen werden über Generationen hinweg vererbt, etwa Krankheiten wie die Sichelzellenanämie. Mutationen treten zufällig auf, doch Einflüsse wie die Röntgenstrahlung können ihre Häufigkeit erhöhen. In seltenen Fällen haben sie positive Folgen. So können sie die Widerstandsfähigkeit eines Individuums gegen eine Krankheit oder gegen extreme Temperaturen erhöhen. Auf diese Weise spielt von Mutationen hervorgerufene genetische Vielfalt bei der Evolution eine große Rolle.

STRAHLUNG
Der Einfluss von Röntgenstrahlen, energiereichen Teilchen und dem im Sonnenlicht enthaltenen UV-Licht kann die DNA schädigen.

CHEMIKALIEN
Manche Chemikalien schädigen die DNA. Erhöhen sie die Gefahr von Krebs, bezeichnet man sie als Karzinogene.

Mutagene Stoffe
Einige mutagene Stoffe treten in der natürlichen Umgebung auf, während die Auswirkung anderer reduziert oder vermieden werden kann.

INFEKTIONEN
Infektionen einiger Viren und Bakterien können die Produktion von Stoffen hervorrufen, die die DNA beeinflussen.

KOSTSPIELIGE FEHLER

Genetische Variationen entstehen bei der sexuellen Fortpflanzung (siehe S. 74–75), doch sie treten auch infolge von Mutationen auf – Veränderungen in der Struktur der DNA. Mutationen können in der Natur an zufälligen Stellen des Genoms eines Lebewesens stattfinden. Sie können die Struktur eines Chromosoms ändern oder das DNA-Molekül und seine chemischen Bausteine auftrennen. Einige Faktoren können die Mutationsrate deutlich erhöhen. Sie werden als mutagene Stoffe bezeichnet.

MUTATIONEN

Mutationen, die in den Keimzellen (Gameten) produzierenden Organen auftreten, werden an alle Zellen der Nachkommen weitergegeben. In der Folge ist das gesamte Individuum von der Mutation betroffen und vererbt sie auch an seine eigenen Nachkommen. Wenn eine Mutation allerdings in einer »normalen« Körperzelle auftritt, wird sie nur in die Zellen kopiert, die von der mutierten Zelle abstammen. Die Mutation kann dann nicht an die Nachkommen weitergegeben werden.

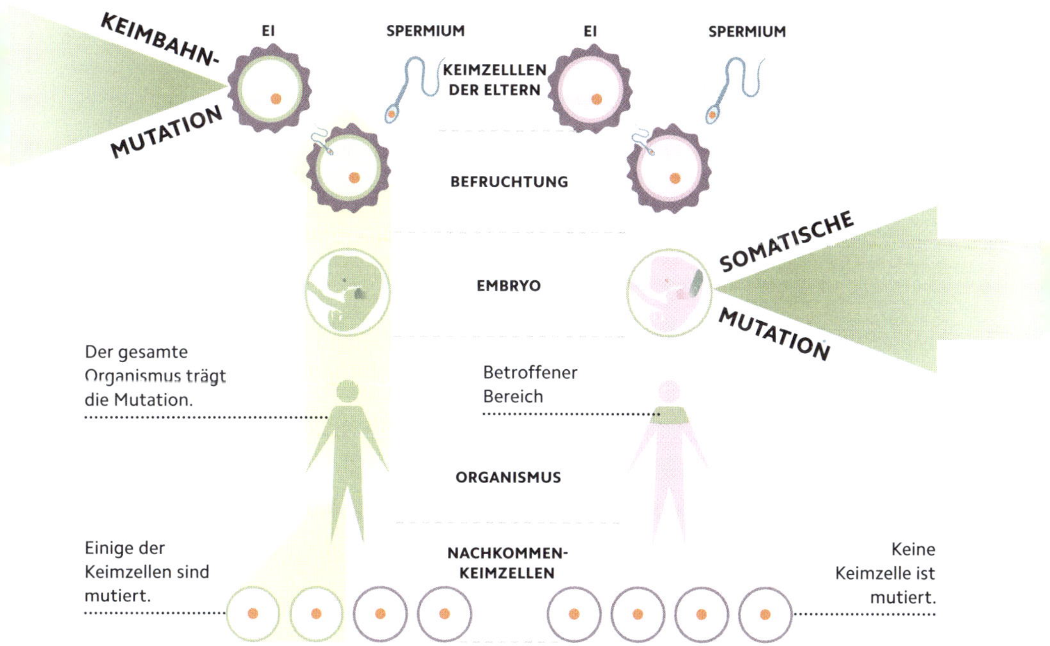

Keimbahnmutation
Eine Keimbahnmutation tritt in den Keimzellen auf und wird an alle Zellen der Nachkommen weitergegeben. Einige der Keimzellen tragen die Mutation.

Somatische Mutation
Eine somatische Mutation tritt nach der Befruchtung auf (im Embryo oder später). Sie kann einen Teil des Gewebes betreffen, wird aber nicht weitergegeben.

KOPIERFEHLER

Die Mechanismen einer Zelle bei der DNA-Replikation sind erstaunlich akkurat. Die DNA-Struktur selbst (siehe S. 60–61) stellt sicher, dass es selten Fehler gibt, und Korrektur lesende Enzyme reparieren die meisten übrigen. Doch bei der großen DNA-Menge treten Kopierfehler trotzdem auf und können zu einer Mutation führen – einer dauerhaften Veränderung in der Basenfolge eines Gens. Die einfachste Form tritt auf, wenn eine Base versehentlich durch eine andere ersetzt wird.

Substitutionsmutation

Der Austausch einer einzelnen Base auf einem DNA-Strang kann den Austausch einer Aminosäure bedeuten, sodass ein mutiertes Protein entsteht. Diese Punktmutationen können ernsthafte Probleme bereiten (siehe S. 110–111).

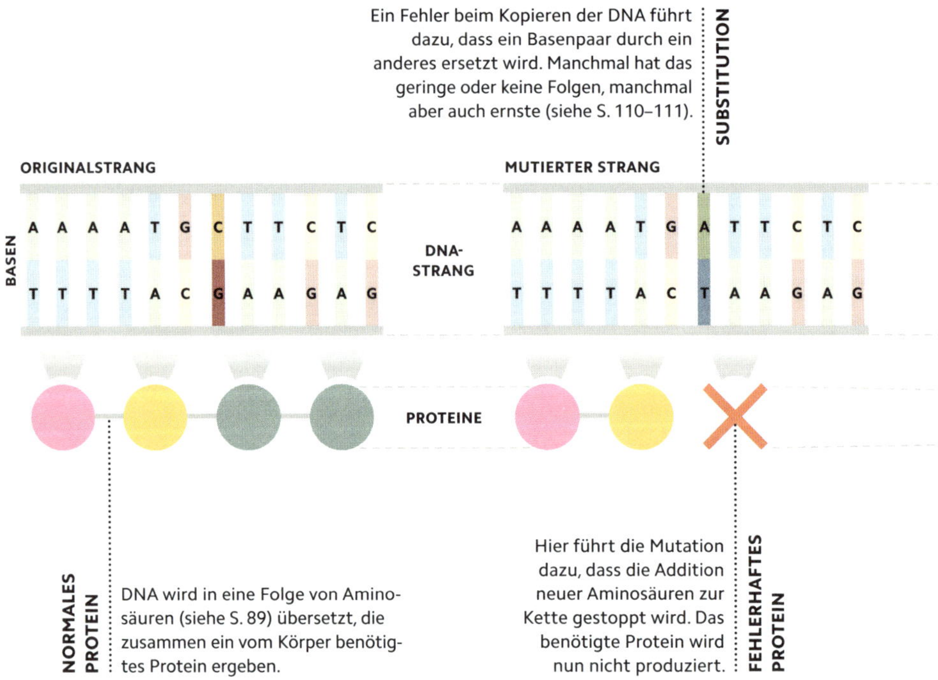

VERSCHIEBUNGEN

Genmutationen, bei denen eine Base in einen DNA-Strang eingefügt oder aus ihm entfernt wird, bezeichnet man als Frameshift-Mutation (Leserasterverschiebung), da der gesamte Rahmen verschoben wird, in dem die Codons (Basentripletts des DNA-Strangs) gelesen werden. So werden alle Codons hinter dem Punkt der Mutation falsch gelesen. Das daraus resultierende Protein unterscheidet sich stark vom Normalzustand und funktioniert in den meisten Fällen nicht.

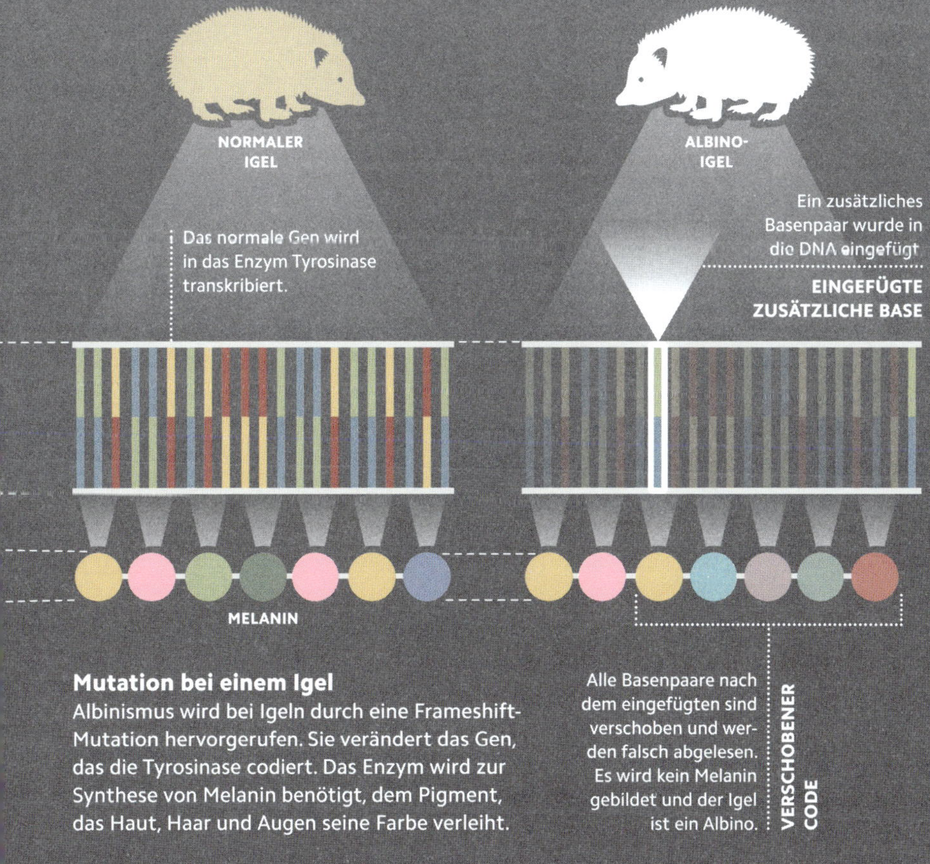

Mutation bei einem Igel
Albinismus wird bei Igeln durch eine Frameshift-Mutation hervorgerufen. Sie verändert das Gen, das die Tyrosinase codiert. Das Enzym wird zur Synthese von Melanin benötigt, dem Pigment, das Haut, Haar und Augen seine Farbe verleiht.

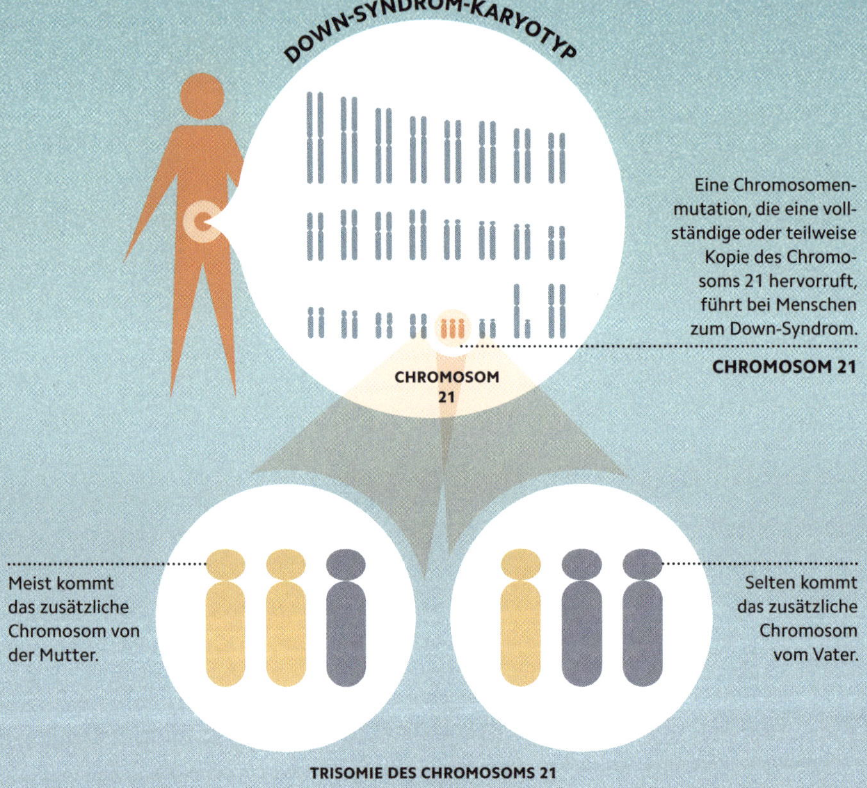

ZUSÄTZLICHES CHROMOSOM

Genetische Mutationen können in großem Umfang vorkommen und ganze Chromosomen betreffen. Das kann geschehen, wenn sich die Chromosomen während der Meiose (siehe S. 78–81) nicht richtig trennen. Hat ein Individuum eine zusätzliche Chromosomenkopie, spricht man von einer Trisomie. Gelegentlich wird ein gesamter zusätzlicher Chromosomensatz von Vater oder Mutter vererbt. Der entstehende Embryo ist triploid und seine Zellen enthalten 69 statt der normalen 46 Chromosomen. Triploidie endet meist mit einer Fehlgeburt oder dem frühen Tod des Neugeborenen.

CHROMOSOMENMUTATION

Viele andere Formen der Chromosomenmutation können ernste, oft tödliche Entwicklungsstörungen hervorrufen. Diese Mutationen sind in Fehlern bei der Zellteilung begründet, bei denen ein Abschnitt des Chromosoms, der Tausende oder sogar Hunderttausende von Basen umfassen kann, kopiert und an ein anderes Chromosom angefügt wird. Vier wichtige Möglichkeiten dieser Mutationsform sind Duplikation, Deletion, Inversion und Translokation.

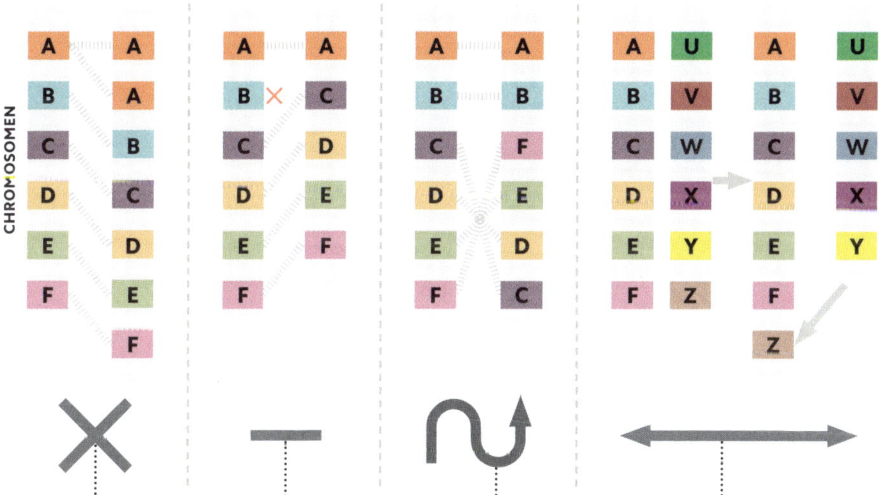

DUPLIKATION Ein Abschnitt eines Chromosoms von einem homologen Partner wird hinzugefügt. Das verändert die Aktivität der Gene in diesem Abschnitt.

DELETION Ein Teil des Chromosoms geht verloren, sodass die Genaktivität in diesem Abschnitt verändert wird.

INVERSION Ein Abschnitt des Chromosoms wird umgekehrt. Die Effekte sind oft mild, können aber geringere Fruchtbarkeit umfassen.

TRANSLOKATION Ein Teil des Chromosoms wird an ein anderes, nicht homologes angefügt. In der Folge treten oft Entwicklungsstörungen auf.

PROTEINVERÄNDERUNGEN

Mutationen verändern die Abfolge der Basen eines DNA-Moleküls. Basentripletts, die eine bestimmte Aminosäure (siehe S. 89) codieren, können dabei unterbrochen werden, was zu Fehlern bei der Proteinbiosynthese führt. Manchmal haben diese Fehler keinen gravierenden Effekt, weil es eine Redundanz im Triplett-Code gibt. Sie können aber auch die Funktion des Proteins negativ beeinflussen oder seine Synthese blockieren. Sehr selten verbessern sie die Wirkungsweise des Proteins.

NORMALE, FÜR BETA-HÄMOGLOBIN CODIERENDE DNA

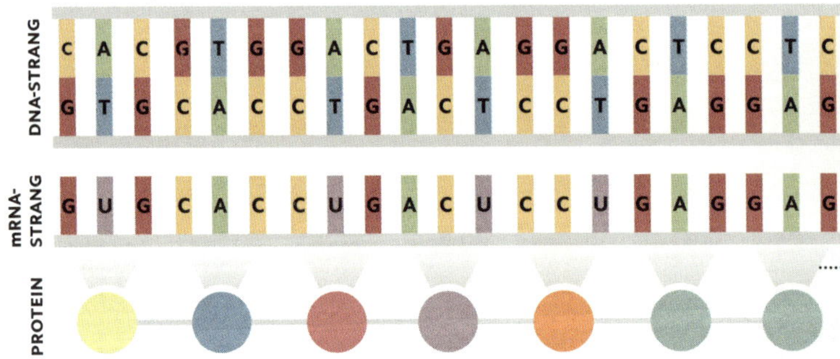

Der in der DNA enthaltene genetische Code wird in mRNA transkribiert und in eine Folge von Aminosäuren translatiert, die ein Protein ergeben.

VOM GEN ZUM PROTEIN

ERSETZTE BASE

Die Sichelzellenmutation ersetzt ein einzelnes Basenpaar auf dem DNA-Strang.

MUTIERTE, FÜR BETA-HÄMOGLOBIN CODIERENDE DNA

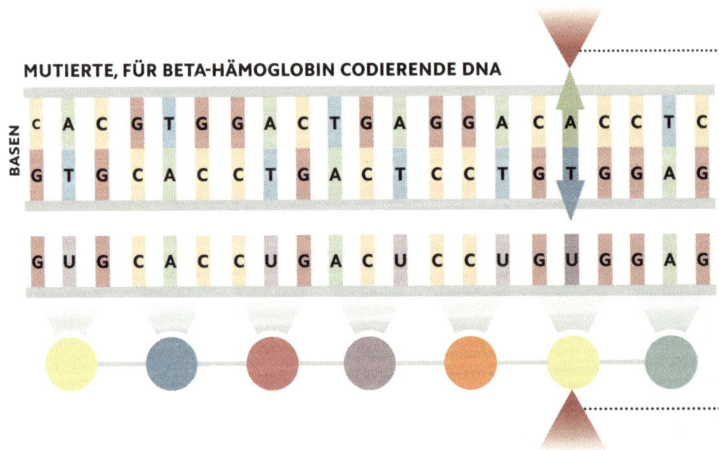

Das resultierende Protein hat eine falsche Aminosäure in seiner Kette.

FEHLERHAFTES PROTEIN

Sichelzellenanämie

Diese Krankheit wird von einer einzelnen Basensubstitution verursacht, die die Produktion des Proteins Beta-Hämoglobin beeinträchtigt. Das Protein ist ein Teil des Hämoglobinkomplexes, der Sauerstoff in den roten Blutkörperchen transportiert. Betroffene können ungewöhnlich geformte rote Blutkörperchen haben, die nicht so lange wie gesunde leben und Blutgefäße verstopfen können.

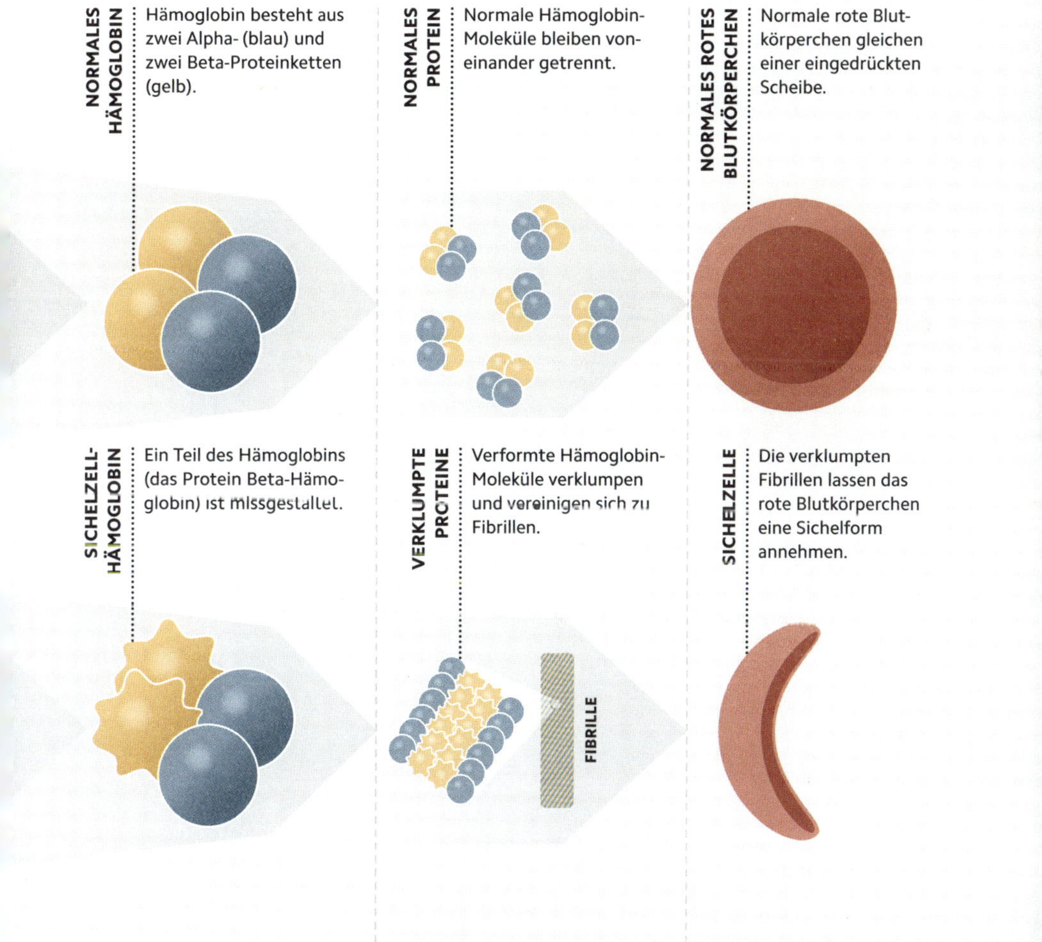

UNERWÜNSCHTES ERBE

Erbkrankheiten können von einer Veränderung in der Struktur, der Anzahl der Chromosomen oder von Genmutationen (siehe S. 102–111) verursacht werden. Die Veränderung nur eines Gens ist für etwa 10 000 Erbkrankheiten verantwortlich, darunter Mukoviszidose, Chorea Huntington und Sichelzellenanämie. Diese Krankheiten können leicht in den Familienstammbäumen verfolgt werden und das Erkrankungsrisiko kann vorhergesagt werden. Es gibt drei Gruppen von Erbkrankheiten: autosomal-dominante, autosomal-rezessive und gonosomale.

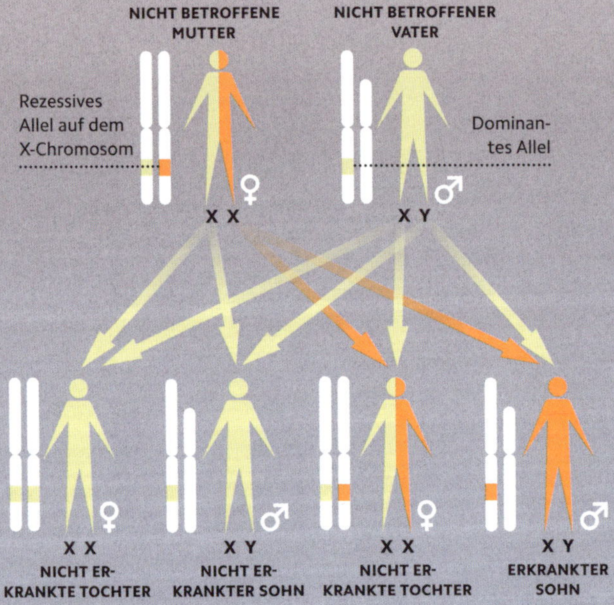

Gonosomale Erbkrankheiten

Erkrankungen wie die Bluterkrankheit (Hämophilie) werden von einer Mutation auf einem Gen eines Geschlechtschromosoms (Gonosom, X oder Y) hervorgerufen. Sie treten öfter bei Männern auf, da sie nur ein X-Chromosom (siehe S. 19) besitzen. Vorhandene rezessive Allele machen sich daher immer bemerkbar. Nur eine Kopie des mutierten Allels veranlasst daher bei Männern den Ausbruch der Krankheit.

Autosomal-dominant

Chorea Huntington wird von der Mutation eines dominanten Allels hervorgerufen und tritt in jeder Generation einer betroffenen Familie auf. Da das mutierte Allel dominant ist, erkrankt jeder, der es trägt.

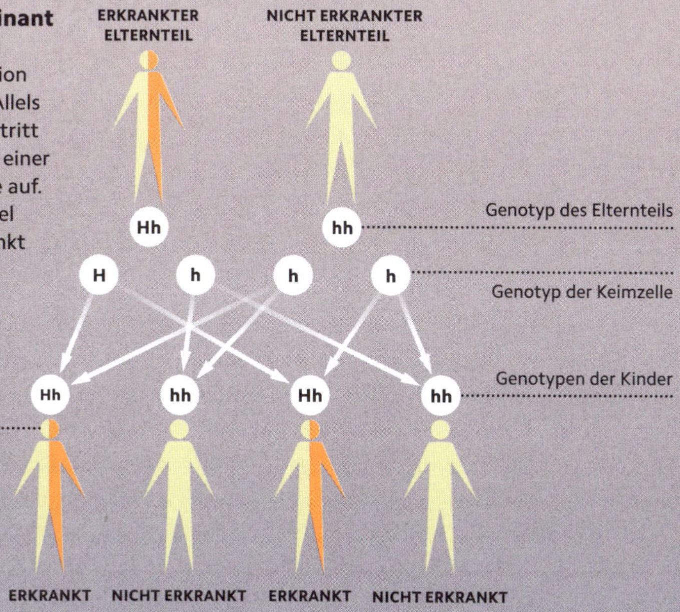

Autosomal-rezessiv

Die Mukoviszidose wird über ein mutiertes rezessives Gen vererbt. Zwei der betroffenen Allele sind nötig, damit eine Person Symptome zeigt. Wenn sie nur eine Kopie des Allels hat, ist sie ein Träger, aber erkrankt nicht.

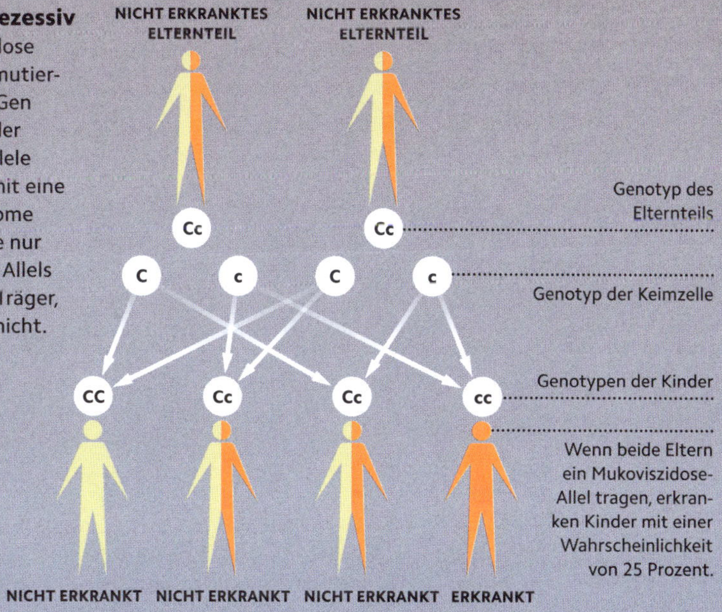

POPULA
GENETIK
EVOLUT

TIONS-
UND
ION

Die Gesetze der Vererbung sorgen für eine Kontinuität von einer Generation zur nächsten. Doch auch die Veränderung ist ein wesentlicher Teil der genetischen Geschichte. Neue Eigenschaften sind das Ergebnis von Mutationen und genetischer Mischung bei der geschlechtlichen Fortpflanzung. Während diese Veränderungen sich im Lauf der Zeit anhäufen, entwickeln sich Organismen. Neue Arten entstehen, während andere aussterben. Tatsächlich hat alles Leben einen gemeinsamen Ursprung, der Tausende von Millionen Jahren zurückliegt. Die Untersuchung der Verteilung der Gene in den Populationen über Zeit und Raum enthüllt vieles über die natürliche Auslese und die Evolution.

Genpool
Der gesamte Satz der Gene und ihrer Variationen (Allele) innerhalb einer Population werden als ihr Genpool bezeichnet.

GENE IN POPULATIONEN

Gene können auf der Ebene von Individuen untersucht werden, etwa wie sie von einer Generation an die nächste weitergegeben werden, sowie auf der Ebene von Populationen. Eine Population sich geschlechtlich fortpflanzender Organismen besteht aus Individuen der gleichen Art. Sie besitzen die Gene, die ihre Art definieren, weisen aber Genvarianten (Allele) auf. Die Kombination dieser Allele macht ihren Genotyp aus. Die Zahl und die Verhältnisse der vorliegenden Allele bieten einen Weg, die genetischen Möglichkeiten der gesamten Population abzubilden (ihren Genpool).

STABIL BLEIBEN

Einzelne Mitglieder einer Population paaren sich miteinander, sodass sich die Allelkombinationen ihrer Nachkommen nach den Gesetzen der Vererbung von denen ihrer Eltern unterscheiden. Unter gleichbleibenden Bedingungen verändern sich die Verhältnisse der Allele innerhalb einer Population jedoch nicht. Sie ist in einem stabilen genetischen Gleichgewicht. Das ist das Hardy-Weinberg-Gleichgewicht, das nach dem Mathematiker und dem Arzt benannt wurde, die es im frühen 20. Jahrhundert eingeführt haben.

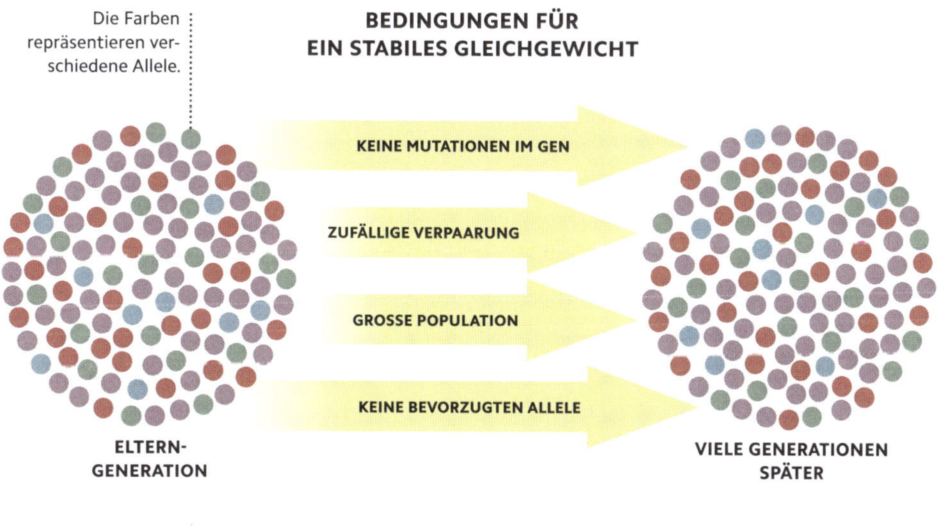

Hardy-Weinberg-Gleichgewicht
Das Gleichgewicht wird erreicht und die Zahl der Allele bleibt durch viele Generationen der Population gleich, allerdings nur, wenn bestimmte Bedingungen (oben) eingehalten werden.

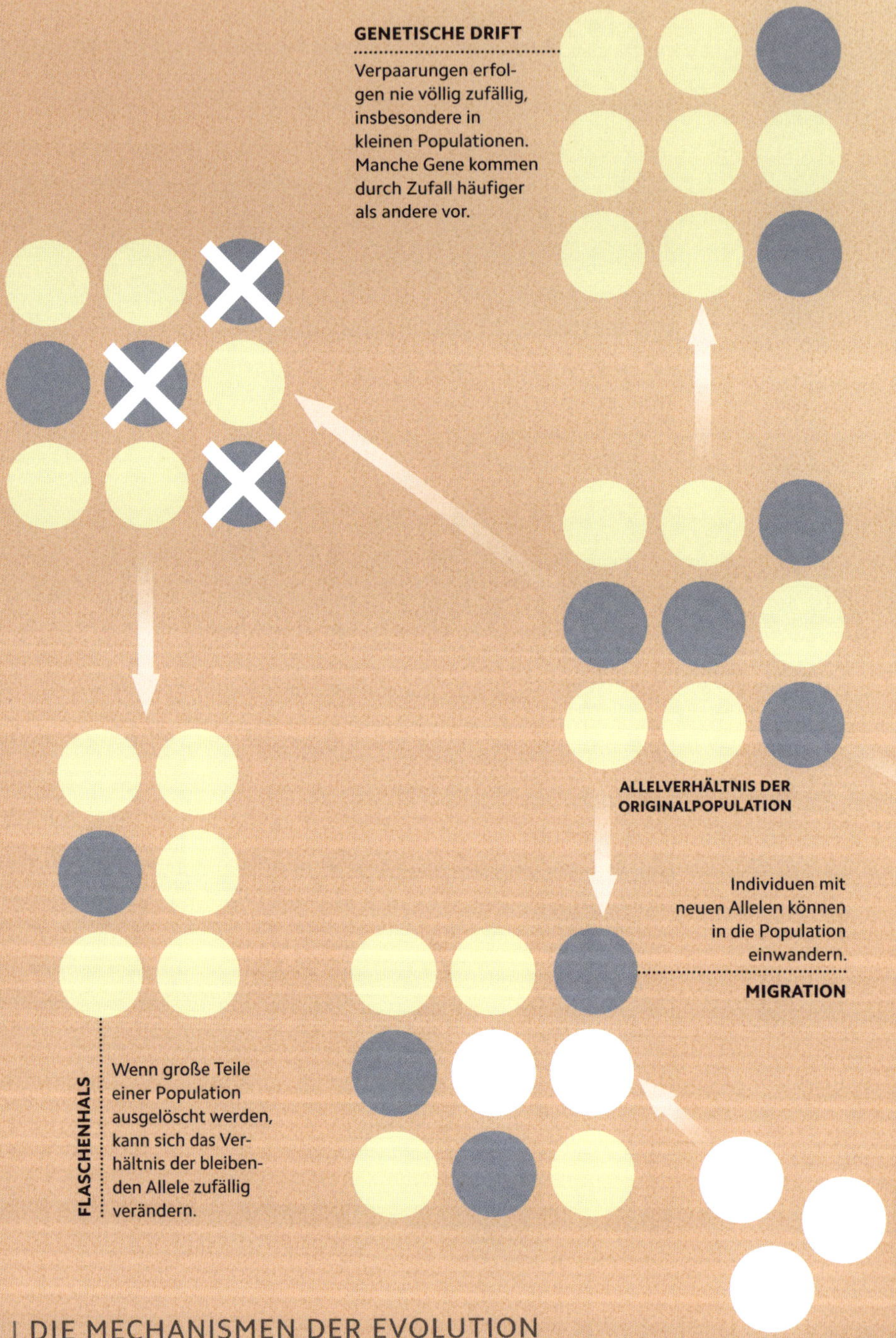
GENETISCHE DRIFT
Verpaarungen erfolgen nie völlig zufällig, insbesondere in kleinen Populationen. Manche Gene kommen durch Zufall häufiger als andere vor.
ALLELVERHÄLTNIS DER ORIGINALPOPULATION
Individuen mit neuen Allelen können in die Population einwandern.
MIGRATION
FLASCHENHALS
Wenn große Teile einer Population ausgelöscht werden, kann sich das Verhältnis der bleibenden Allele zufällig verändern.

MUTATION

Zufällige Mutationen in der DNA von Individuen können ein neues Allel erzeugen, das einen großen Einfluss auf ein Merkmal hat.

Im Lauf der Zeit

Es gibt fünf hauptsächliche Antriebe für die Allelveränderung und damit für die Evolution einer Population. Sie können einzeln oder gemeinsam wirken.

VERÄNDERUNGEN

In der Natur bleiben Populationen selten für eine längere Zeit in einem stabilen Gleichgewicht (siehe S. 117). Verschiedene interne oder externe Faktoren, etwa Mutationen oder Umweltveränderungen, können die Zahlenverhältnisse der Allele in einer Population verschieben. Auch wenn die Veränderungen nur gering sind, verändern sie doch im Verlauf von Jahrhunderten und von Hunderten von Generationen die Eigenschaften der gesamten Population. Und nach Jahrmillionen können sie zu neuen Arten oder sogar neuen Tier- und Pflanzengruppen führen.

NATÜRLICHE SELEKTION

Wenn ein Allel ein bestimmtes Merkmal ermöglicht, das die Anpassung eines Individuums an seine Umwelt verbessert, dann wird sich dieses Allel in der Population verbreiten.

GLÜCK IM UNGLÜCK

Die für die DNA-Replikation verantwortliche Maschinerie ist präzise, aber nicht unfehlbar. Im Lauf der Zeit können Fehler beim Kopieren Gene verändern. Viele dieser Fehler stören die Funktion der Zelle, während andere sich kaum auswirken und zu überleben sind. Einige wie die Mutation der Laktase sind von Vorteil und werden an die Nachkommen weitergegeben. Die Tatsache, dass das Leben auf der Erde von einem einzigen gemeinsamen Vorfahren abstammt, verdeutlicht die Wichtigkeit der Mutation als Triebkraft der Evolution. Sie hat die neuen Gene geschaffen, die für die Diversität heutiger Organismen verantwortlich sind.

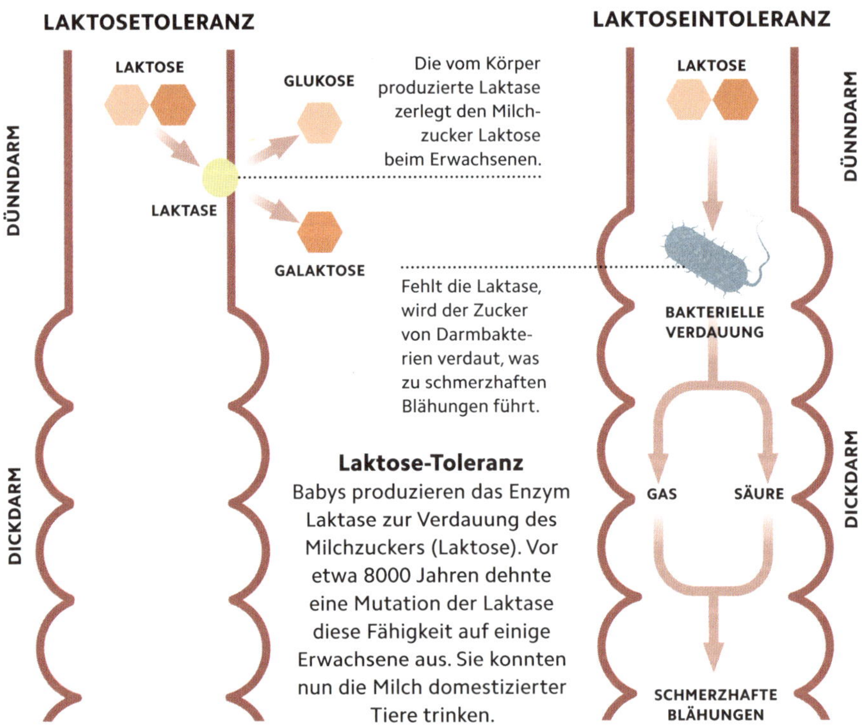

Laktose-Toleranz
Babys produzieren das Enzym Laktase zur Verdauung des Milchzuckers (Laktose). Vor etwa 8000 Jahren dehnte eine Mutation der Laktase diese Fähigkeit auf einige Erwachsene aus. Sie konnten nun die Milch domestizierter Tiere trinken.

ZUFÄLLE

Der Zufall kann eine große Rolle bei der Veränderung der Allelanteile in einer Population spielen, besonders wenn sie klein ist. Wird etwa die Hälfte der Organismen einer Population von einer Krankheit getötet, ist es wahrscheinlich, dass unter den überlebenden Individuen einige Allele zahlreicher sind. Solch ein genetischer Flaschenhals kann die Population verändern, wenn sie von einem größeren Genpool isoliert bleibt. Ein ähnliches Phänomen ist der Gründereffekt, der oft bei Inselpopulationen beobachtet wird, die sich schneller entwickeln als größere Populationen auf dem Festland.

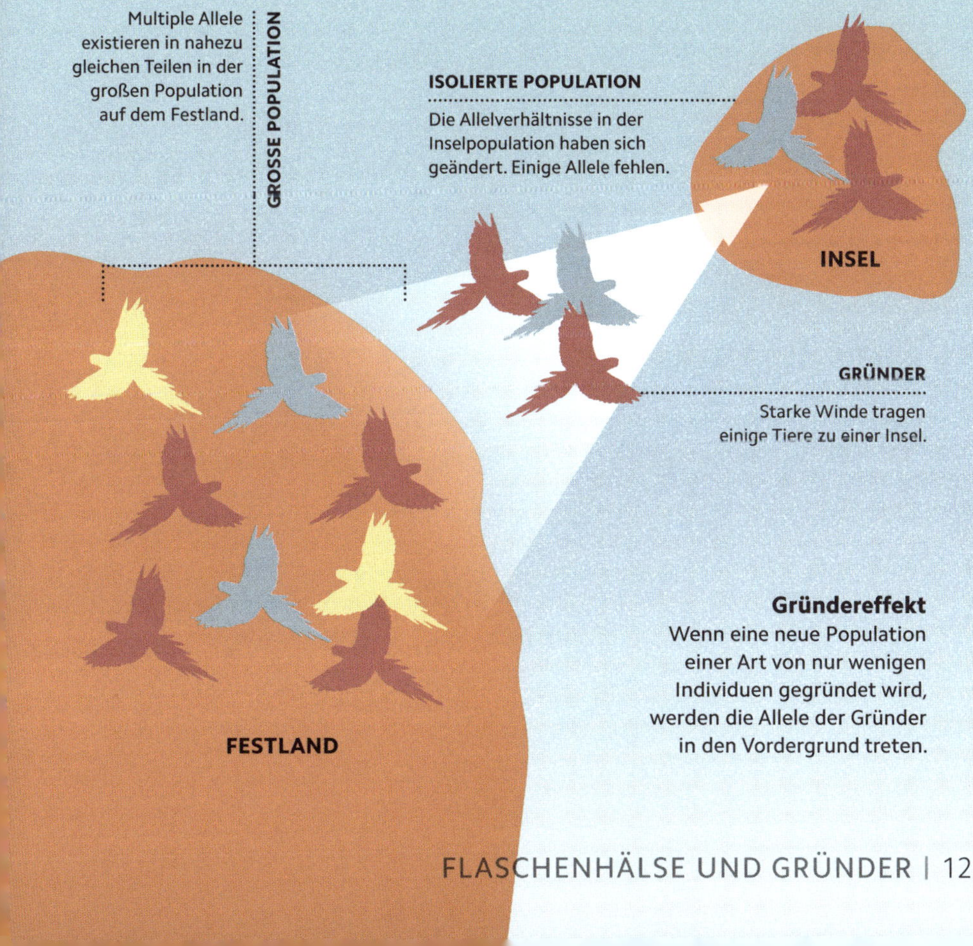

Selektion bei Langfühlerschrecken
Die Langfühlerschrecke *Amblycorypha oblongifolia* ist in Nordamerika heimisch. Die meisten Tiere sind grün (rezessiv), doch einige tragen mutierte Gene, sodass sie pink oder orange gefärbt sind.

AM BESTEN ANGEPASST

Die Gene bestimmen die Eigenschaften eines Organismus und steuern, wie er mit seiner Umwelt interagiert. Einige Merkmale (und damit ihre Allele) passen einen Organismus besser an seine Umwelt an, andere dagegen weniger. So kann eine genetische Veränderung, die das Fell eines Tiers dünner macht, in einer kalten Umgebung schlecht, in einer warmen aber von Vorteil sein. Die am besten an ihre Umwelt angepassten Individuen können sich mit höherer Wahrscheinlichkeit fortpflanzen und ihre vorteilhaften Allele an ihre Nachkommen weitergeben. Dieser als natürliche Selektion bekannte Prozess ist eine der Haupttriebkräfte der Evolution.

Die Theorie der natürlichen Selektion wurde von Darwin 1859 aufgestellt, um die Anpassungen der Lebewesen zu erklären.

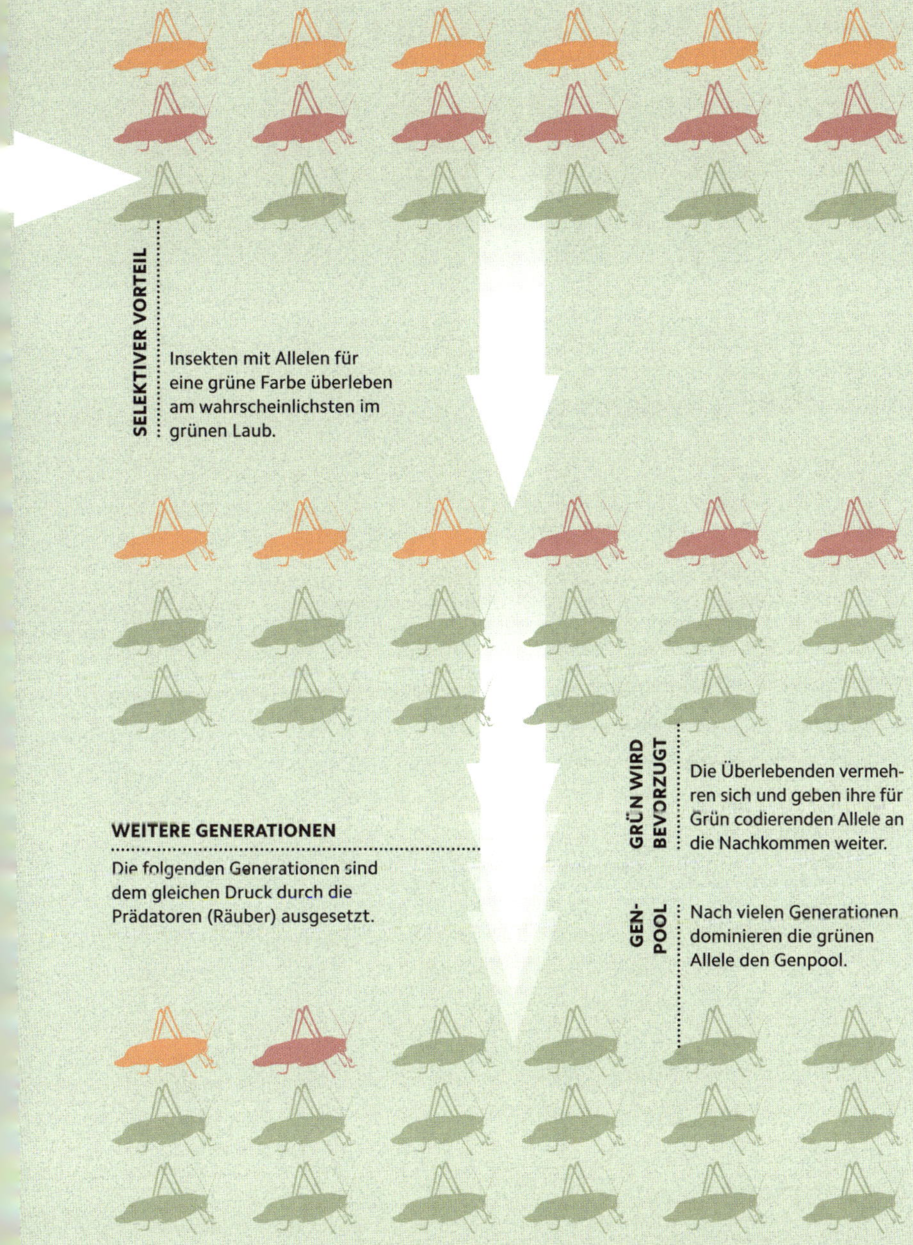
SELEKTIVER VORTEIL
Insekten mit Allelen für eine grüne Farbe überleben am wahrscheinlichsten im grünen Laub.
WEITERE GENERATIONEN
Die folgenden Generationen sind dem gleichen Druck durch die Prädatoren (Räuber) ausgesetzt.
GRÜN WIRD BEVORZUGT
Die Überlebenden vermehren sich und geben ihre für Grün codierenden Allele an die Nachkommen weiter.
GEN-POOL
Nach vielen Generationen dominieren die grünen Allele den Genpool.

POPULATIONSDRUCK

Indem sie die am besten an die Umwelt angepassten Merkmale bevorzugt und andere auslöscht, beeinflusst die natürliche Selektion den Bau und das Verhalten der Organismen. Selektion kann auf verschiedene Weise wirken. Am deutlichsten ist das bei der gerichteten Selektion, bei der zunehmend extreme Versionen eines bestimmten Merkmals bevorzugt werden. Selektion kann auch Merkmale stabilisieren, Extreme vernichten und einen ausgewogenen Zustand herbeiführen. Die disruptive Selektion hat einen gegenteiligen Effekt und begünstigt mehr als nur einen optimalen Zustand.

Keine Selektion
Wenn die natürliche Selektion ein Merkmal weder bevorzugt noch benachteiligt, wird die Verteilung des Merkmals sich um einen Mittelwert bewegen.

Es werden mehr Nachkommen erzeugt als überleben können. Die natürliche Selektion bevorzugt die am besten an die Umwelt angepassten.

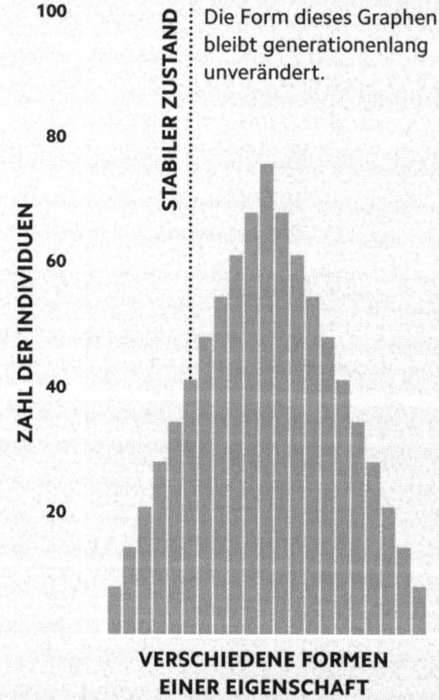

Gerichtete Selektion

Eine Selektion, die eine extreme Form eines Merkmals bevorzugt, verschiebt die Verteilung dieses Merkmals in eine Richtung.

Giraffen mit immer längeren Hälsen werden bevorzugt.

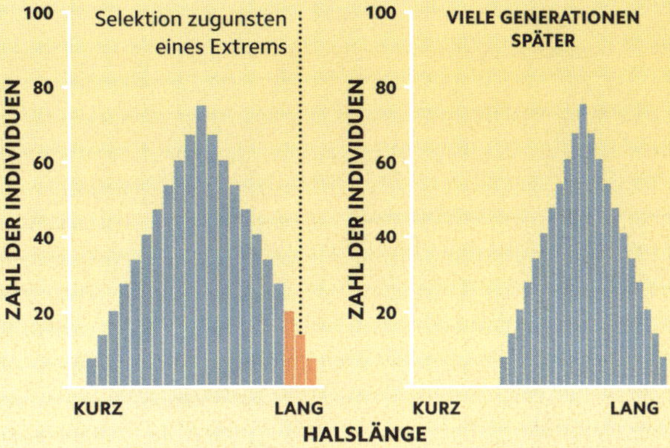

Stabilisierende Selektion

Diese Form der Selektion verschiebt die Verteilung der Merkmale näher zum Durchschnitt.

Das Geburtsgewicht von Säugetieren tendiert zum Durchschnitt.

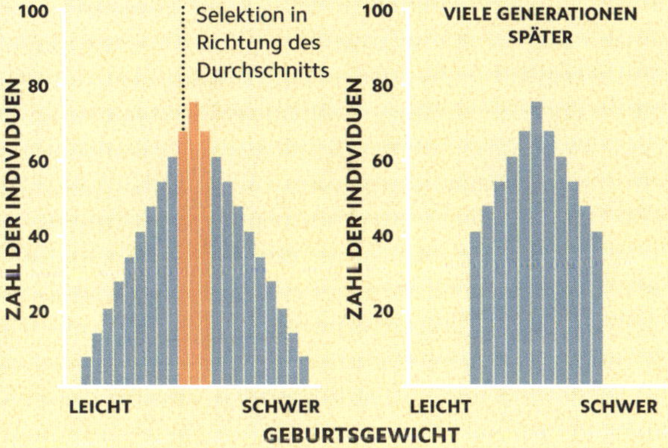

Disruptive Selektion

Diese Selektion begünstigt die Entstehung von zwei oder mehr unterschiedlichen Typen.

Helle und dunkle Schalen sind gut getarnt, doch die mittleren werden gefressen.

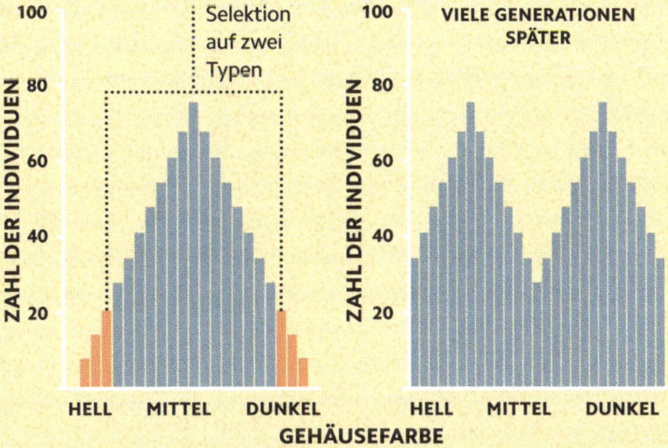

Paradiesvogel
Die Henne wird den Hahn mit den größten, buntesten Federn wählen. Diese Selektion verstärkt solche Merkmale in den nächsten Generationen, sodass Hähne mit diesen Merkmalen leichter eine Partnerin finden.

PAARUNGSSPIELE

Die natürliche Selektion bewirkt in Populationen im Lauf der Zeit die Veränderung verschiedener Merkmale. Eine Form der Selektion – die sexuelle Selektion – wirkt sich auf die Fortpflanzung selbst aus. Weibliche Tiere investieren in der Regel mehr Energie in die Erzeugung der Keimzellen und die Brutpflege als die Männchen, daher wollen sie den gesündesten, stärksten verfügbaren Partner wählen. Männchen signalisieren ihre Fitness, indem sie in übertriebene Merkmale investieren, zum Beispiel Hirsche in ein riesiges Geweih oder in ein besonderes Balzverhalten. So errichten männliche Laubenvögel aufwendige Lauben, die sie dekorieren, um Weibchen anzulocken.

FORMEN DER EVOLUTION

Genetische Mutationen können plötzliche, umfangreiche Veränderungen erzeugen, doch die so entstehenden Organismen (»hoffnungsvolle Monster«) überleben nur selten, um eine eigene Linie zu entwickeln. Evolutionäre Veränderungen sind meist ein Prozess kleiner Schritte (Mikroevolution), die zusammen größere Effekte erzeugen und gemeinsam zu einer neuen Art führen können. Häufiger jedoch werden Arten gebildet, indem sich Populationen aufspalten und in verschiedene Richtungen entwickeln. Hat sich eine Vielzahl von Veränderungen angesammelt, können völlig unterschiedliche Gruppen entstehen (Makroevolution). Zum Beispiel haben sich aus Reptilien Vögel und Säugetiere entwickelt.

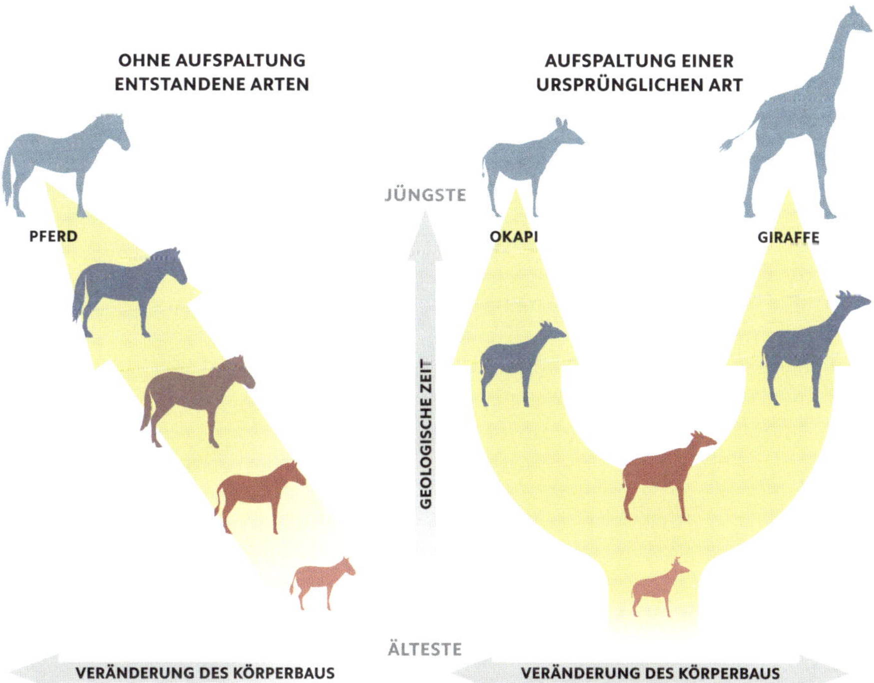

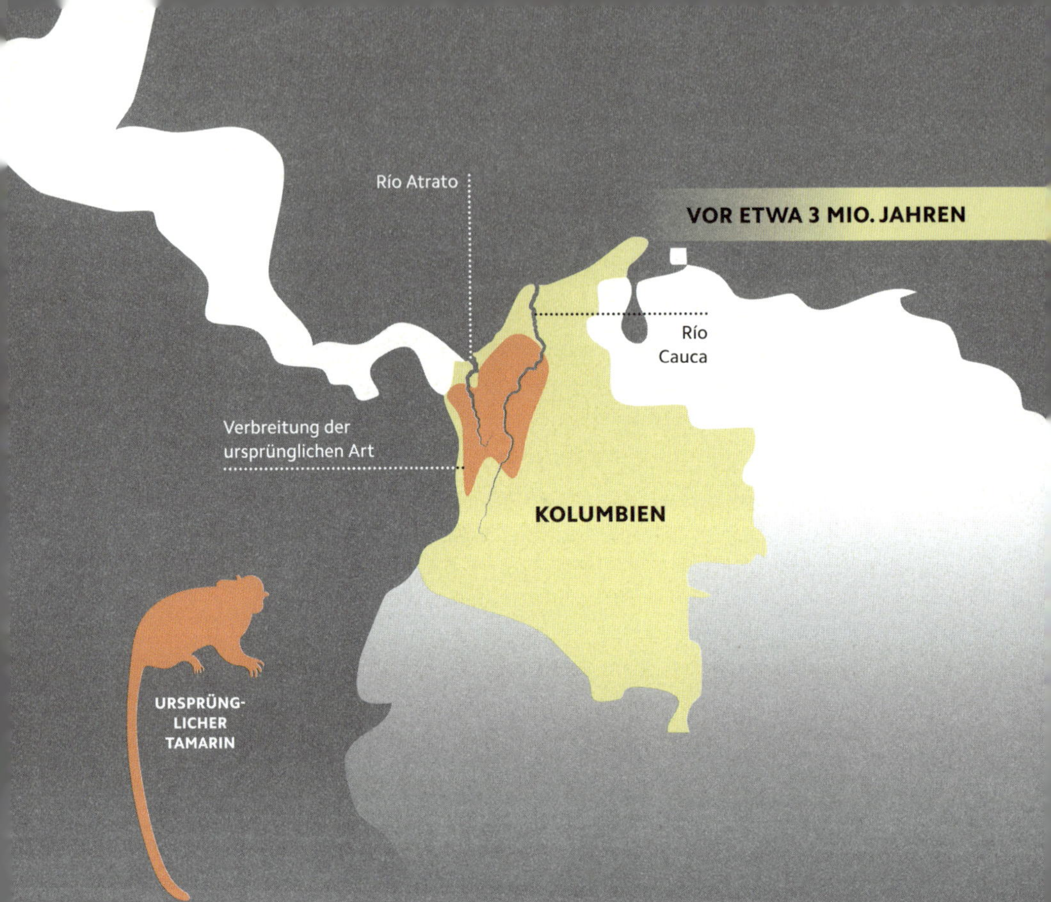

AUFSPALTUNG

Arten können entstehen, wenn eine Population sich in zwei oder mehr Gruppen aufspaltet. Eine Flut, die Veränderung eines Flusslaufs oder ein Erdbeben können eine Population trennen. Es kann auch ein Teil der Gruppe abwandern. Isoliert voneinander unterliegen die Populationen verschiedenen Selektionsdrücken (siehe S. 122–123) und entwickeln sich unterschiedlich. Im Verlauf der Generationen verändern sie sich so sehr, dass sie sich nicht mehr fruchtbar miteinander fortpflanzen können. Es sind zwei unterschiedliche Arten entstanden. Diese Form der Artbildung wird als allopatrisch bezeichnet (griechisch für »fremde Heimat«), da eine geografische Trennung notwendig ist.

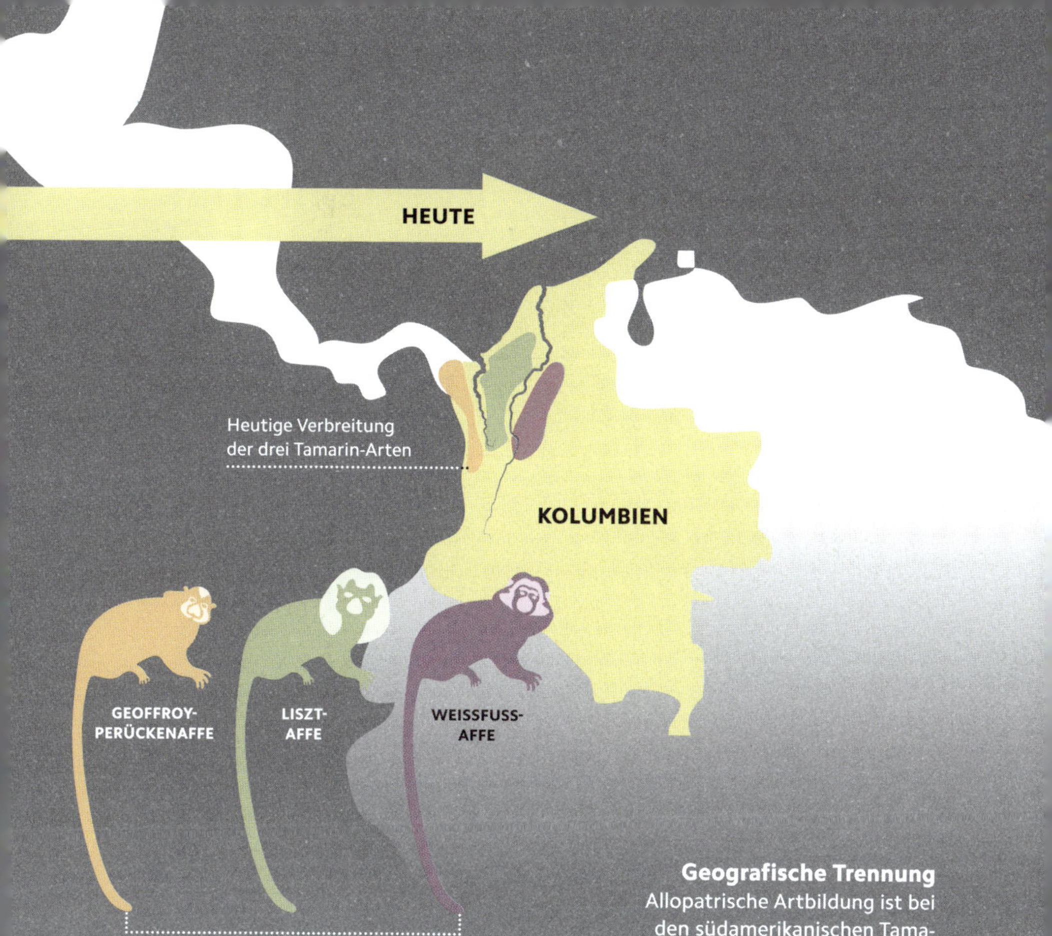

DREI ARTEN

Im Verlauf vieler Generationen sind aus den drei Populationen verschiedene Arten geworden, die sich durch viele Eigenschaften unterscheiden.

Geografische Trennung

Allopatrische Artbildung ist bei den südamerikanischen Tamarinen zu beobachten. Vor etwa 3 Mio. Jahren gab es eine große Population einer Tamarin Art. Die zunehmenden Wasserstände des Río Atrato und des Río Cauca trennten sie in drei Arten.

> Die Bewegung der Landmassen durch die Kontinentaldrift ist eine der wichtigsten Ursachen für die allopatrische Artbildung im Verlauf der Jahrmillionen.

GEMEINSAME EVOLUTION

Arten können sich auch ohne geografische Isolation (siehe S. 128–129) bilden. Probleme bei der Zellteilung können plötzlich die Chromosomenzahl eines Individuums verändern, sodass es keine fruchtbaren Nachkommen mit seinen Artgenossen hervorbringen kann. Diese Art der Chromosomenmutation tritt vor allem bei Pflanzen auf. Etwa ein Drittel aller Pflanzenarten besitzt auf diese Weise entstandene mehrfache Chromosomensätze. Das bezeichnet man als Polyploidie. Wenn sich entsprechende Individuen miteinander fortpflanzen, kann innerhalb weniger Generationen eine neue Art entstehen. Dies bezeichnet man als sympatrische (griechisch für »gleiche Heimat«) Artbildung.

Polyploidie
Bei der Bildung der Keimzellen tritt ein Fehler auf. Die Chromosomen trennen sich bei der Meiose nicht, sodass die Gameten nicht haploid, sondern diploid sind (siehe S. 76–77).

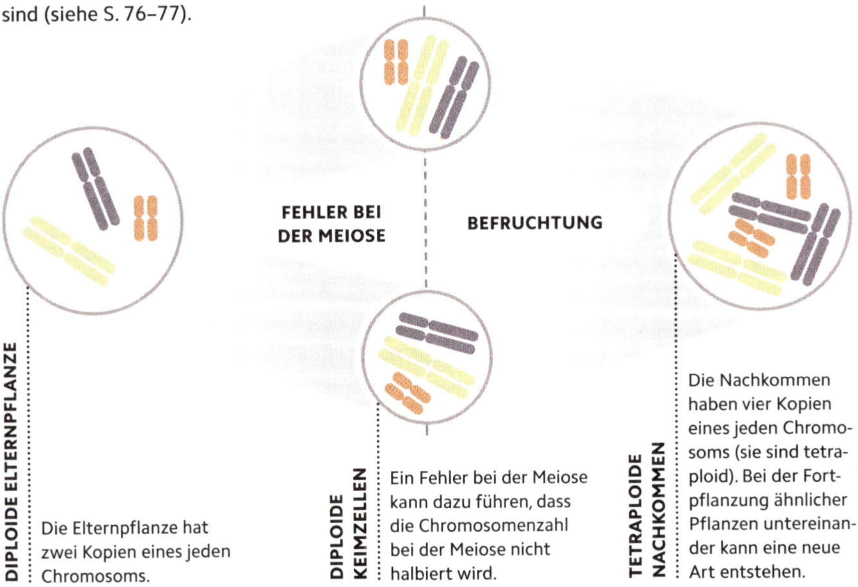

GETRENNT BLEIBEN

TEMPORALE BARRIERE

Verwandte Froscharten können die Geschlechtsreife zu verschiedenen Zeiten des Jahres erreichen, sodass es nicht zu Kreuzungen kommt.

ÖKOLOGISCHE BARRIERE

Arten der Strumpfbandnattern bewohnen unterschiedliche Lebensräume (Land oder Wasser), die die Paarung der Arten verhindern.

MECHANISCHE BARRIERE

Verwandte Pflanzenarten können von verschiedenen Insekten bestäubt werden, sodass eine Bastardisierung zwischen den Arten ausgeschlossen wird.

Die Artbildung kann beginnen, wenn eine Population in zwei Teile getrennt wurde (siehe S. 128–129). Damit die beiden Populationen als getrennte Arten betrachtet werden können, muss es einen Mechanismus geben, der sie an der Fortpflanzung hindert, sollten sie nochmals aufeinandertreffen. Einige dieser Barrieren spielen schon vor der Befruchtung eine Rolle, andere erst danach.

VERHALTENSBARRIERE

Vögel reagieren nur auf den Balzgesang der gleichen Art. Schon kleine Unterschiede im Gesang können eine Barriere für die Fortpflanzung darstellen.

UNFRUCHTBARKEIT VON HYBRIDEN

Aus der Paarung zweier verwandter Arten hervorgegangene Hybride sterben oft vor der Geschlechtsreife oder sie sind steril oder ihre Nachkommen nicht lebensfähig.

AUSSTERBEN DER ART

Das Schicksal einer Population hängt vom Gleichgewicht von Geburten und Todesfällen ab: Wenn die Geburten- die Todesrate übertrifft, nimmt die Population zu. Überwiegen die Todesfälle, schrumpfen die Populationen und können verschwinden. Gene spielen dabei eine Rolle, da manche Mutationen die Lebenszeit oder die Fruchtbarkeit beschränken können. Sind schädliche Allele rezessiv (siehe S. 26–27), müssen zwei Kopien vorliegen, damit eine Wirkung eintritt. Das geschieht eher bei kleinen Populationen, da hier die Verpaarung naher Verwandter mit gleichen Genen häufiger vorkommt. Diese Inzuchtdepression kann das Risiko eines Populationszusammenbruchs bei bereits vom Aussterben bedrohten Arten erhöhen.

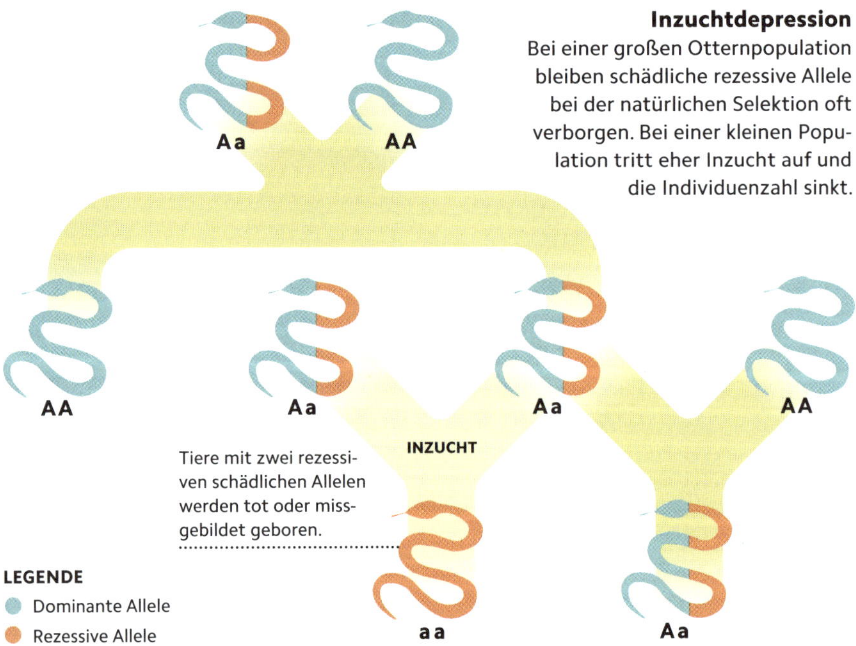

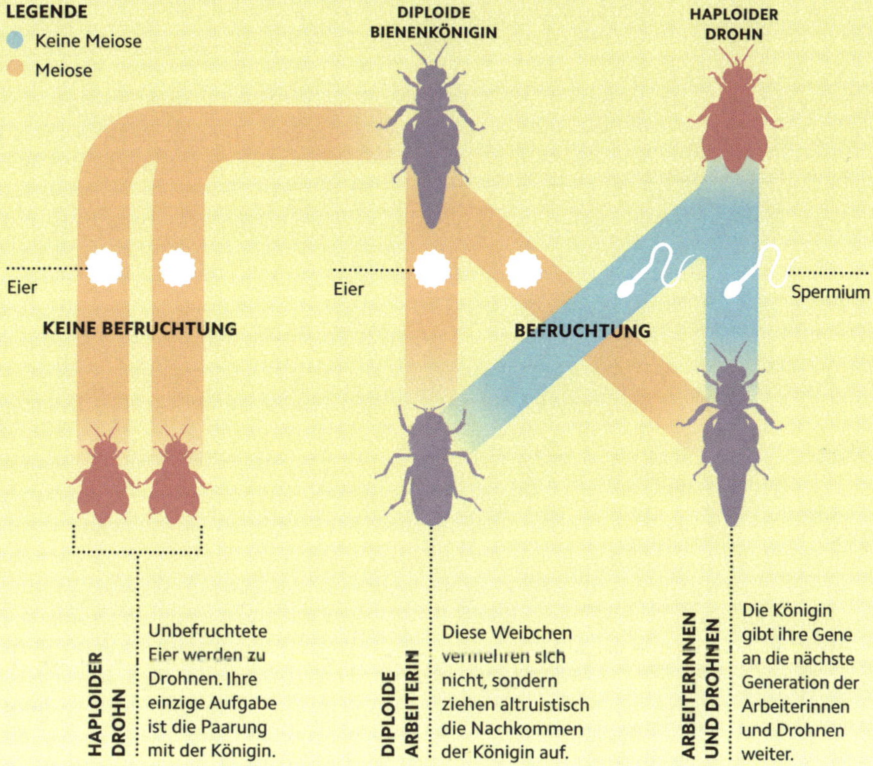

EGOISTISCHE GENE

Durch natürliche Selektion werden die am besten angepassten Individuen ausgewählt (siehe S. 122–123). Eine bestimmte Interpretation der Evolution betrachtet nicht die Individuen, sondern die Gene als Ziel der Selektion. Jedes Gen trachtet demnach danach, sich zu vermehren und an die nächste Generation weitergegeben zu werden. Ein Argument dafür stammt aus der Beobachtung des Altruismus staatenbildender Arten. Bienen-Arbeiterinnen pflanzen sich nicht selber fort, arbeiten aber für das Wohl der Kolonie. Nach der Theorie des egoistischen Gens tun sie es, weil sie die Gene der Königin teilen, die so verbreitet werden.

GEN-
MANIPU

LATION

Die Genetik ist in der Lage, reale Probleme zu lösen. Untersuchungen der Gene und der Proteine, die sie codieren, helfen Krankheiten zu erkennen und zu heilen, Kriminalfälle zu lösen und Verwandtschaftsbeziehungen nachzuweisen. Genmanipulation ist mittlerweile eine verbreitete Methode der Biotechnologie. Gene können zwischen Organismen übertragen werden. Dadurch entstehen Bakterien, die Medikamente herstellen, und Feldfrüchte, die krankheitsresistent werden. Gentherapie zielt darauf ab, beschädigte Gene in den Zellen eines Menschen durch gesunde zu ersetzen und so Erbkrankheiten zu besiegen. Und durch das Klonen von DNA können vielleicht ausgestorbene Organismen wieder zum Leben erweckt werden.

PROTEINSEQUENZIERUNG

Die ein bestimmtes Gen codierende DNA-Sequenz zu erkennen, ist schwierig, nicht zuletzt, weil die DNA eine komplexe Struktur hat und nur in geringen Mengen in der Zelle vorliegt. Proteine, die durch die Gene codierten Moleküle, sind häufiger, leichter zu isolieren und haben eine einfachere Struktur. Kennt man die Aminosäureabfolge eines Proteins, kann man daraus auf die Sequenz der DNA schließen (siehe S. 89). Die Techniken zur Bestimmung der Aminosäuresequenz umfassen die schrittweise Abtrennung der Aminosäuren vom Protein und ihre Identifikation.

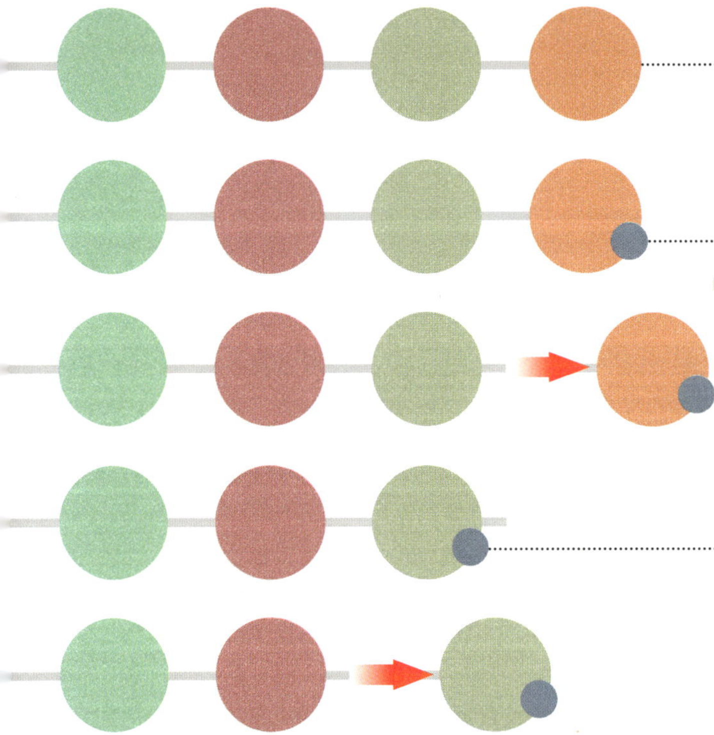

PROTEINISOLATION

Ein Protein – das Produkt eines Gens – wird einer Zelle entnommen.

MARKIERUNG DES ENDES

Die Aminosäure an einem Ende der Kette wird mit einem speziellen Molekül markiert.

IDENTIFIKATION

Die markierte Aminosäure wird chemisch von der Kette gelöst und durch ihr Molekulargewicht identifiziert.

WIEDERHOLUNG

Die nächste Aminosäure wird markiert und identifiziert und der Prozess wiederholt sich.

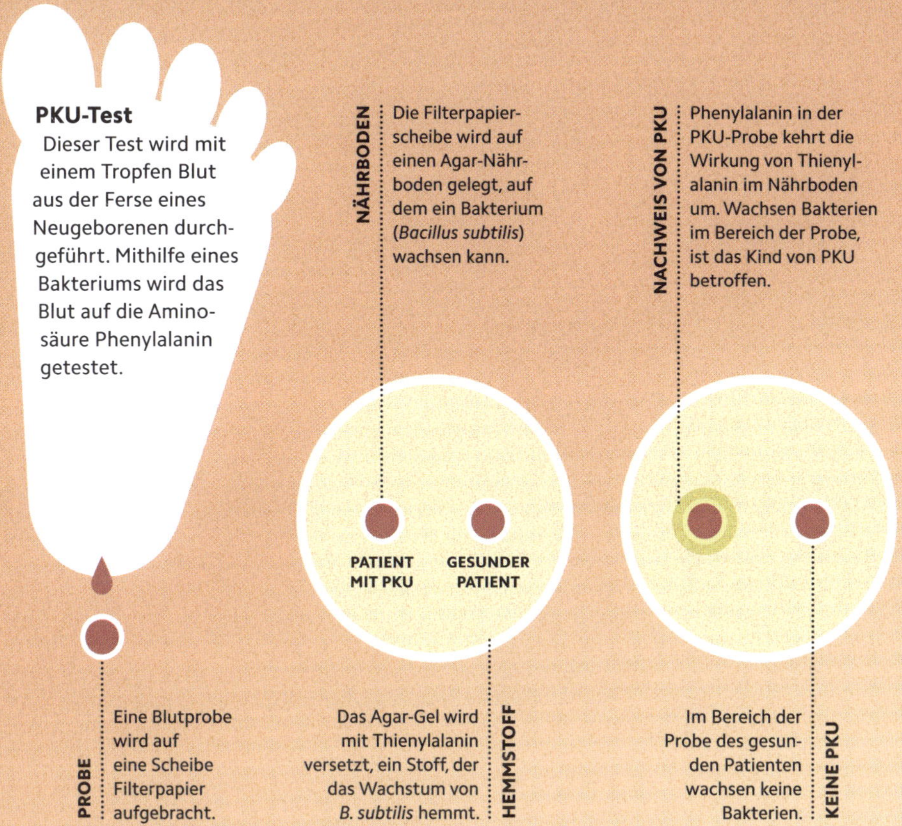

SCHLECHTE GENE SUCHEN

Einige Tests auf Erbkrankheiten bei Neugeborenen beruhen auf der Suche nach anormalen Proteinen oder Aminosäuren und untersuchen nicht direkt die DNA-Sequenz des Kindes. Solche Markerproteine weisen auf die Gegenwart von Genen hin, die Erbkrankheiten verursachen. Einer dieser Tests ist der Nachweis der Stoffwechselerkrankung Phenylketonurie (PKU). Die Betroffenen können die Aminosäure Phenylalanin nicht abbauen, weil eine Mutation die Produktion des Enzyms Phenylalanin-Hydroxylase verhindert. In der Folge steigt die Konzentration von Phenylalanin im Blut und im Gehirn, was zu Gehirnschäden führt.

DNA-Vergleich
Genetisches Fingerprinting kann benutzt werden, um die Identität und Verwandtschaftsverhältnisse nachzuweisen. Hier wird die am Ort eines Verbrechens zurückgelassene DNA (etwa Blut) mit der eines Verdächtigen verglichen.

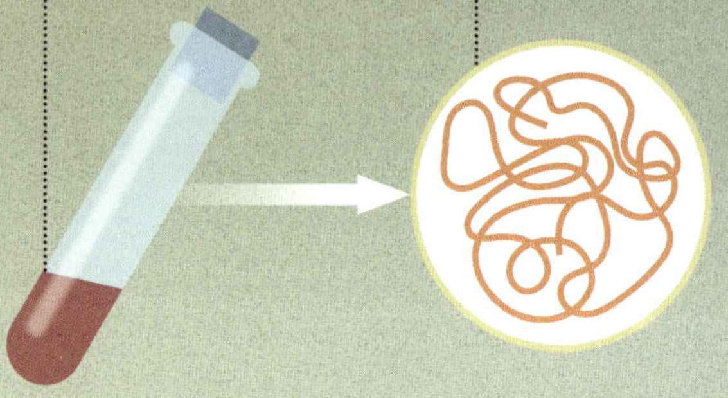

Die erste Verurteilung, die sich auf DNA-Beweise stützte, erfolgte 1988.

DNA ABGLEICHEN

Die DNA-Analyse konzentrierte sich anfangs auf den Vergleich verschiedener Proben. Dieses DNA-Fingerprinting beruht auf Enzymen, die die DNA in bestimmte Basensequenzen zerschneiden. Die resultierenden Fragmente werden dann mithilfe der Gelelektrophorese getrennt. Die Fragmente, die eine schwache elektrische Ladung tragen, werden auf ein Gel aufgetragen. An das Gel wird eine Spannung angelegt, sodass sich die Fragmente bewegen. Die von ihnen zurückgelegte Strecke ist von ihrer Größe abhängig, sodass verschiedene Banden auf dem Gel erscheinen. Der Vergleich dieser Banden erlaubt den Vergleich der DNA-Proben verschiedener Individuen.

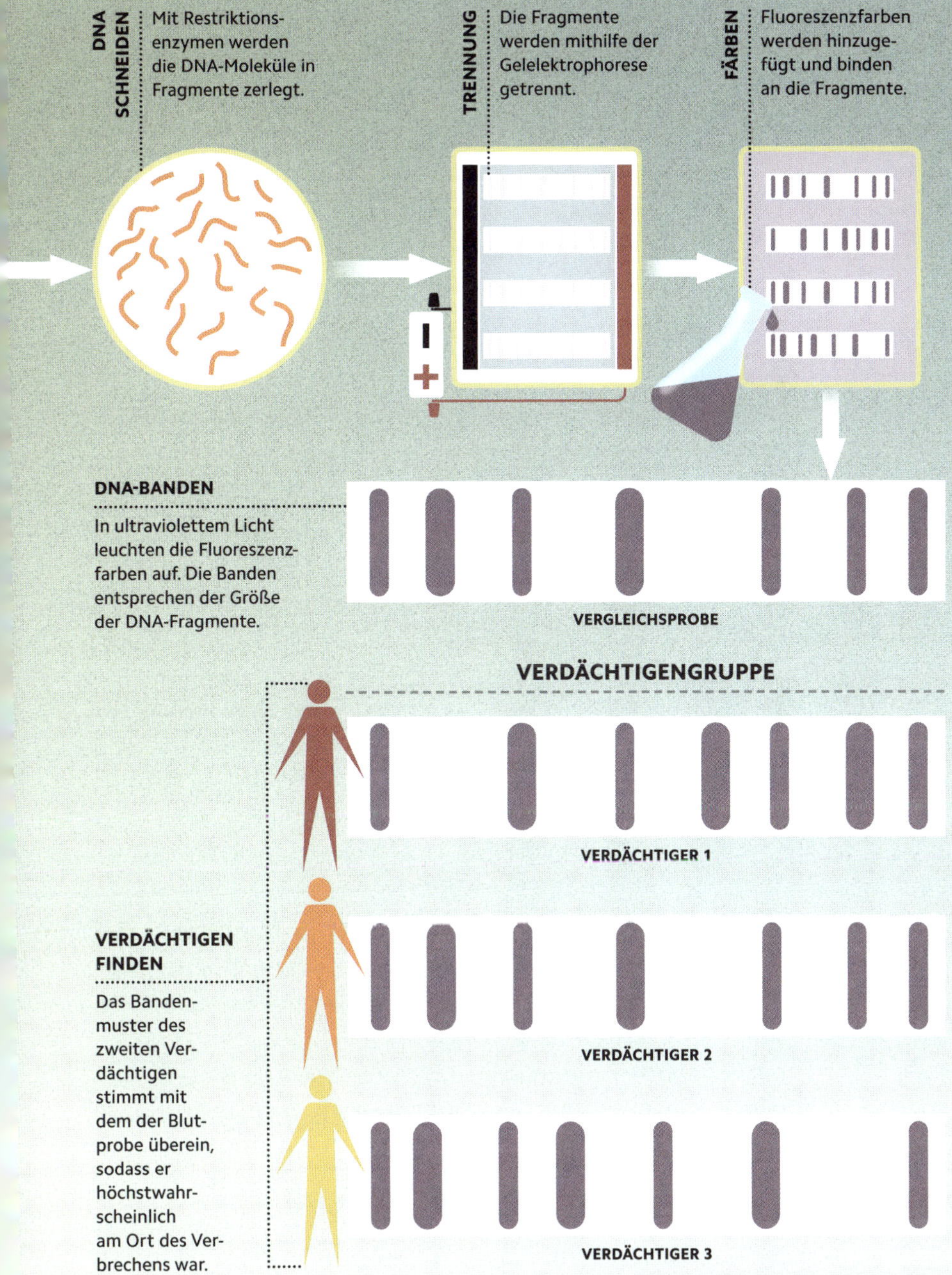
DNA SCHNEIDEN
Mit Restriktionsenzymen werden die DNA-Moleküle in Fragmente zerlegt.
TRENNUNG
Die Fragmente werden mithilfe der Gelelektrophorese getrennt.
FÄRBEN
Fluoreszenzfarben werden hinzugefügt und binden an die Fragmente.
DNA-BANDEN
In ultraviolettem Licht leuchten die Fluoreszenzfarben auf. Die Banden entsprechen der Größe der DNA-Fragmente.
VERGLEICHSPROBE
VERDÄCHTIGENGRUPPE
VERDÄCHTIGER 1
VERDÄCHTIGEN FINDEN
Das Bandenmuster des zweiten Verdächtigen stimmt mit dem der Blutprobe überein, sodass er höchstwahrscheinlich am Ort des Verbrechens war.
VERDÄCHTIGER 2
VERDÄCHTIGER 3

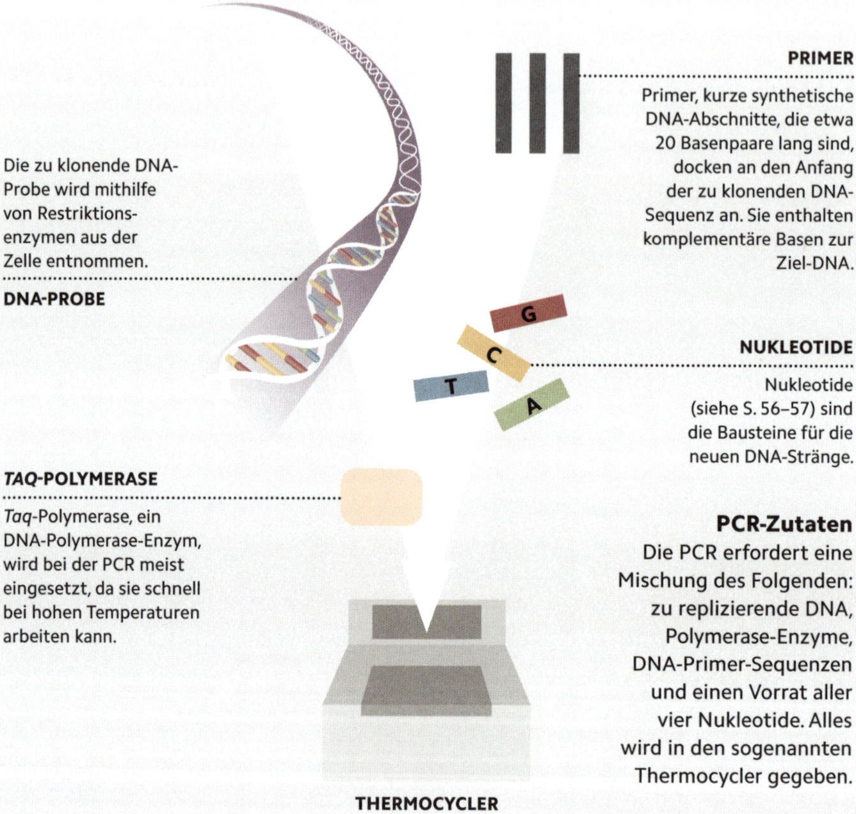

PCR-Zutaten
Die PCR erfordert eine Mischung des Folgenden: zu replizierende DNA, Polymerase-Enzyme, DNA-Primer-Sequenzen und einen Vorrat aller vier Nukleotide. Alles wird in den sogenannten Thermocycler gegeben.

DNA KLONEN

In den Zellen liegt DNA nur in geringen Mengen vor. Die Amplifikation – die Erzeugung vieler Kopien eines DNA-Moleküls – ist daher die Voraussetzung für weitere Schritte. Eine oft verwendete Technik ist die in den 1980er-Jahren entwickelte Polymerase-Kettenreaktion (PCR). Sie erlaubt es, isolierte DNA unter Addition von Nukleotid-Bausteinen und Polymerasen (DNA-erzeugende Enzyme) zu klonen. Eine Abfolge von Temperaturänderungen setzt eine Kettenreaktion in Gang, bei der die Zahl der DNA-Moleküle mit jeder Runde verdoppelt wird.

PCR-Kreislauf

Im Thermocycler unterliegen die Zutaten einer Temperatursteuerung, die die DNA-Replikation fördert. Nachdem ein Zyklus abgeschlossen ist, wird er 20- bis 40-mal wiederholt und verdoppelt jedes Mal die produzierte DNA-Menge.

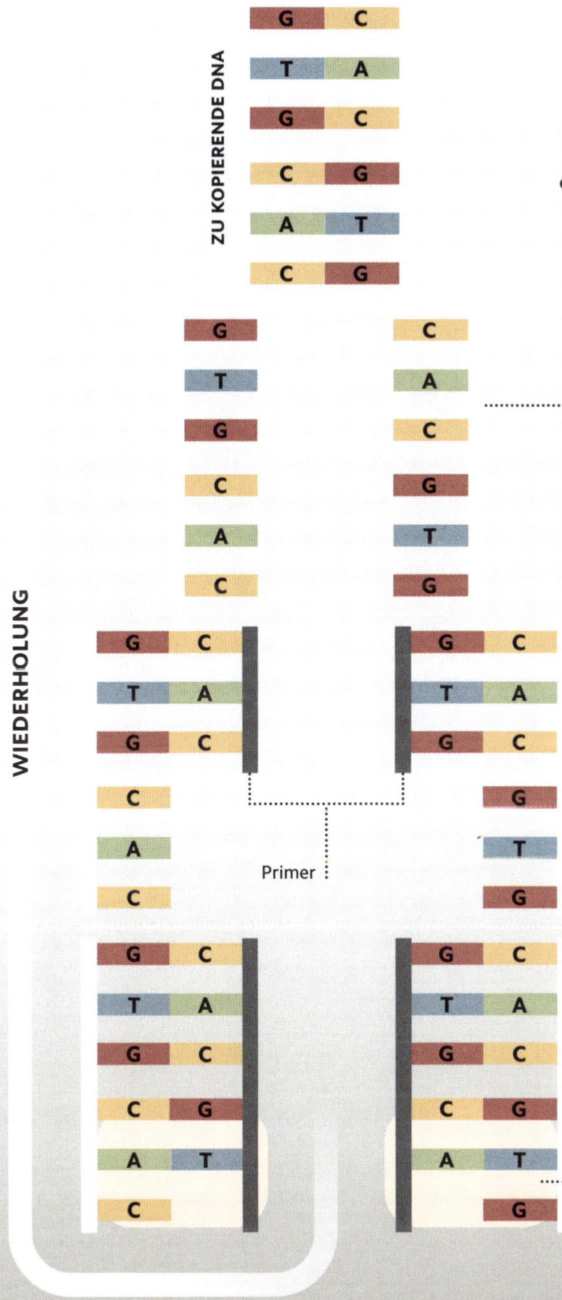

DENATURIERUNG
94–98 °C

Durch eine hohe Temperatur werden die DNA-Stränge getrennt. Das nennt man Denaturierung.

PRIMERHYBRIDISIERUNG
50–68 °C

Kurze Primer binden sich an spezifische Sequenzen der einsträngigen DNA. Sie dienen als Startpunkte der DNA-Replikation.

Die Taq-Polymerase synthetisiert neue DNA-Stränge, sodass zwei neue, doppelsträngige DNA-Moleküle entstehen. Das wird als Elongation bezeichnet. Die neuen DNA-Moleküle gelangen wieder in den Replikationszyklus.

ELONGATION
72 °C

BASE NACH BASE

DNA direkt zu entschlüsseln ist viel schwieriger als ein Protein zu sequenzieren. Die Moleküle sind viel fragiler, und es ist eine Herausforderung, einzelne Basen von einem DNA-Molekül abzutrennen (zur Technik der Proteinsequenzierung siehe S. 136). Eine in den 1970er-Jahren von Frederick Sanger entwickelte Methode umgeht das Problem, indem sie die Sequenz der bei der Replikation der DNA hinzugefügten Basen untersucht. Sie wird als Sanger-Sequenzierung bezeichnet und sie ermöglichte die allererste vollständige Sequenzierung eines Genoms – dem eines Virus.

DNA-Primer

Ein an einem DNA-Strang angedockter Primer (siehe S. 140) ist der Startpunkt der Replikation. Die mit dem Primer versehene DNA-Probe wird in vier Ansätze aufgeteilt, jeder in einem eigenen Gefäß.

Aufgeteilte Ansätze

In jede Probe werden DNA-Polymerase und die normalen Basen (C, G, A und T) gegeben, dazu jeweils eine geringe Menge nur einer Basenvariante (C*, G*, A* oder T*). Wird sie in eine DNA-Kette eingefügt, stoppt sie die Polymerase-Reaktion.

> **Die DNA-Sequenzierung ist für viele medizinische Anwendungen wichtig, etwa für die Krebsdiagnose oder die Entwicklung neuer Antibiotika.**

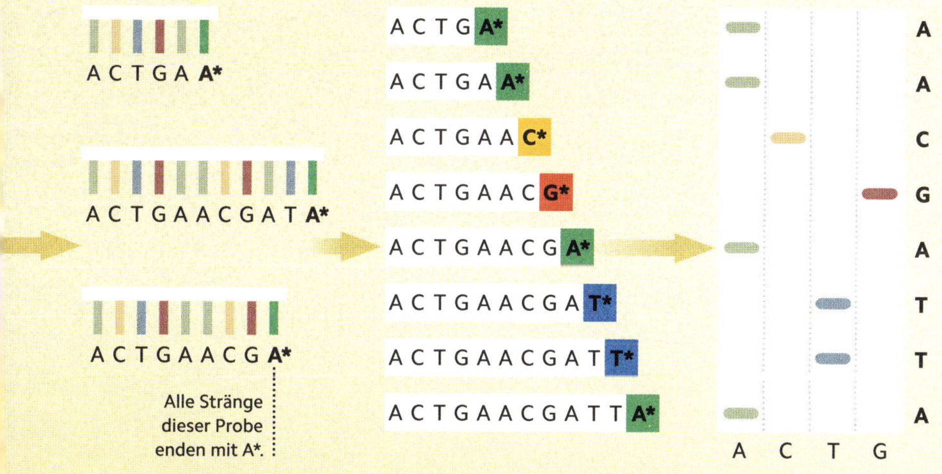

Kettenabbruch
Die Basenvariante (hier A*) wird gelegentlich in den Strang aufgenommen und beendet die Elongation. Das Ergebnis ist ein Gefäß voller DNA-Fragmente verschiedener Länge.

C-, G-, A-, T-Fragmente
Dieser Prozess läuft in den anderen drei Gefäßen mit T*, C* oder G* als Kettenabbruch-Base ab. Die Stränge werden elektrophoretisch getrennt (siehe S. 138).

Lesen der DNA
Kennt man die Größe eines jeden DNA-Fragments und die Base, die es am Ende trägt, kann man die Sequenz der DNA bestimmen.

DIVERSITÄT KARTIEREN

Die automatisierte Sequenzierung ist in der Lage, DNA-Stränge in immer höheren Geschwindigkeiten zu bearbeiten, sodass auch die größten Genome analysiert werden können. Zuerst wurden die Genome von Mikroben, einfachen Würmern und Fruchtfliegen untersucht. Der größte Teil des menschlichen Genoms wurde 2003 publiziert, die volle Version 2022. Diese monumentale Arbeit ermöglichte die Identifikation von über 20 000 Genen auf 23 Paaren menschlicher Chromosomen mit einer Folge von 3,2 Mrd. Basen.

BAKTERIOPHAGE MS2

Das erste vollständige Genom wurde 1976 sequenziert. Es gehört zu einem Bakterien infizierenden Virus und hat nur vier Gene.

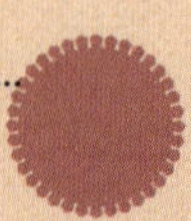

HAEMOPHILUS INFLUENZAE

Der erste frei lebende Organismus, dessen Genom sequenziert wurde, war dieses Bakterium mit über 1700 Genen.

SACCHAROMYCES CEREVISIAE

Die Bäckerhefe war der erste Eukaryot, dessen Genom sequenziert wurde (1996). Sie besitzt über 6000 Gene.

CAENORHABDITIS ELEGANS

Dieser Nematode war das erste Tier, dessen Genom sequenziert wurde. Er verfügt über rund 20 000 Gene.

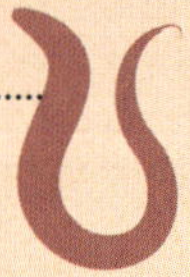

Enthüllte Sequenzen

Zu den sequenzierten Organismen gehören die, die traditionell in genetischen Studien verwendet werden.

DROSOPHILA MELANOGASTER

Das Fruchtfliegengenom wurde im Jahr 2000 publiziert. Es umfasst rund 13 600 Gene.

HOMO SAPIENS

Das Humangenomprojekt hat viele Fortschritte in der Medizin ermöglicht.

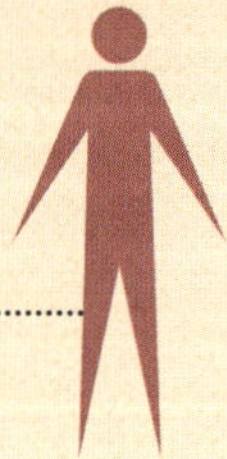

PAN TROGLODYTES

Das Schimpansengenom ist im Jahr 2013 sequenziert worden. Es ähnelt dem des Menschen sehr.

EINSATZGEBIETE DER GENETIK

Menschen haben Tausende von Jahren lang Feldfrüchte verbessert und Tiere domestiziert, indem sie die Organismen mit den erwünschten Merkmalen vermehrt haben, um diese Merkmale zu verstärken. Die selektive Vermehrung von wildem Kohl hat beispielsweise Blumenkohl, Brokkoli und Kohlrabi hervorgebracht. In jüngerer Zeit hat das Verständnis von DNA, Genen und den sie kontrollierenden Enzymen Verfahren der Gentechnik ermöglicht, bei denen sogar einzelne Gene zwischen verschiedenen Arten ausgetauscht werden können.

Traditionelle Methode
Selektive Zuchttechniken sind in genetischer Hinsicht ein stumpfes Schwert. Sie können zwar ein gewünschtes Gen in einen Empfänger transportieren, allerdings nur gemeinsam mit anderen, unerwünschten Genen.

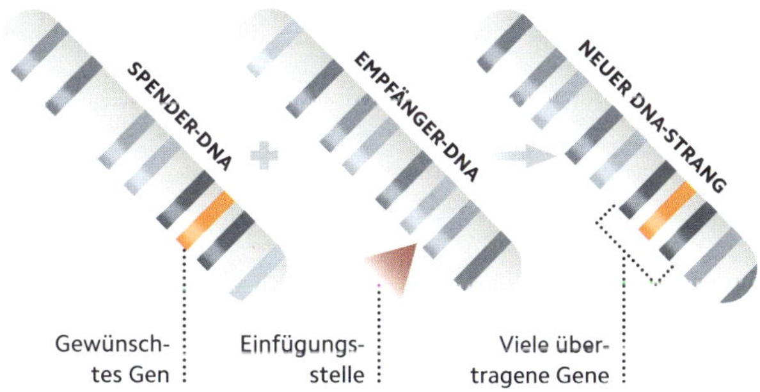

Gentechnik
Neue Techniken erlauben es, ein oder mehrere Gene präzise in die DNA des Zielorganismus einzufügen. Ein Beispiel für einen genetisch veränderten Organismus (GVO) ist Baumwolle, die ein Gen für ein Gift trägt, das die Raupen der Baumwoll-Kapseleule tötet.

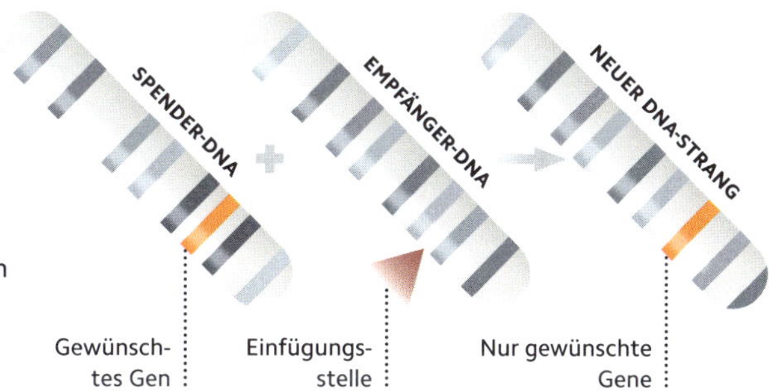

MIKROBENMECHANIK

Die Gentechnik eröffnet viele Möglichkeiten, die Genome von Bakterien, Pflanzen und Tieren zu verändern. Eine der ersten Anwendungen war es, die Gene eines Bakteriums so zu modifizieren, dass es menschliches Insulin produzieren konnte – ein Hormon, mit dem man Diabetes kontrollieren kann. Zuvor musste Insulin aus den Bauchspeicheldrüsen von Schweinen und Rindern gewonnen werden. Ein Insulin-Gen wurde in ein Bakterienplasmid eingefügt – ein kleines kreisförmiges DNA-Molekül, das vom Bakterienchromosom getrennt vorliegt.

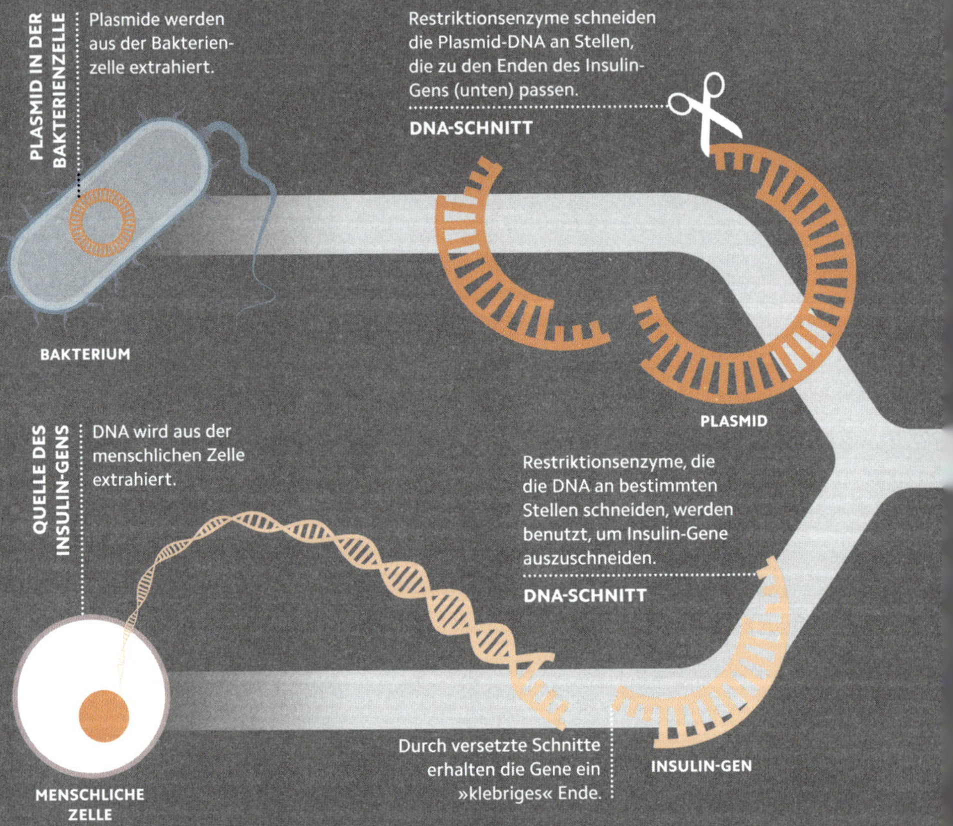

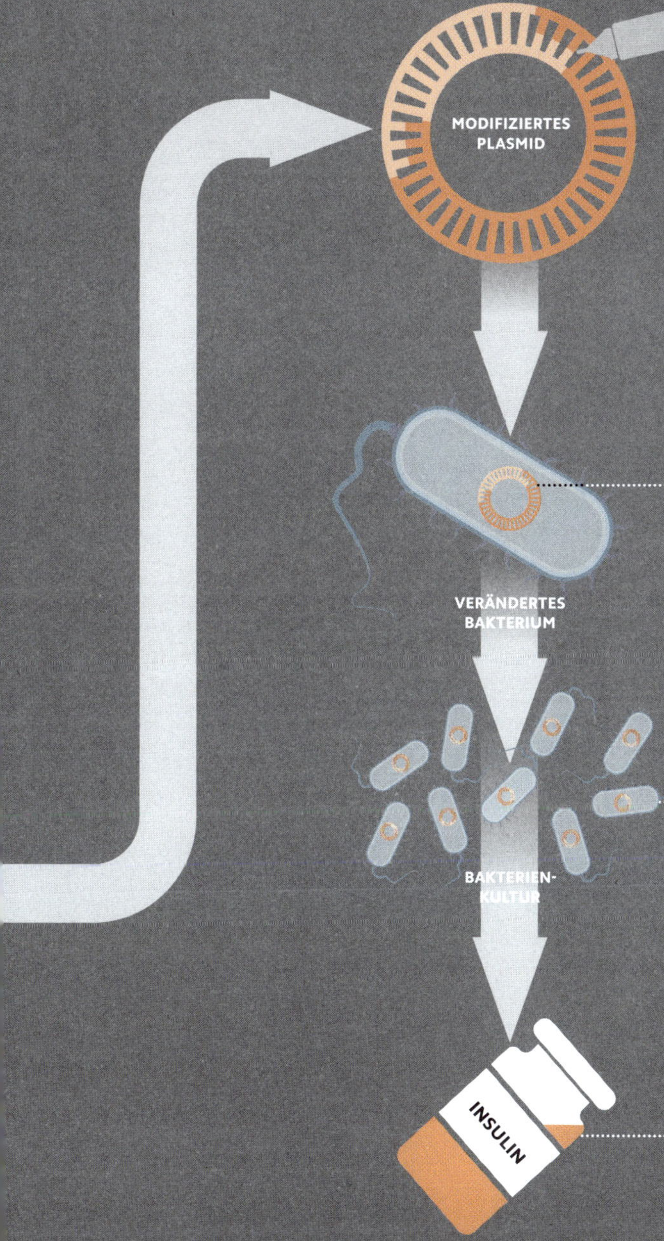

LIGATION

Klebende Enzyme (Ligasen) erkennen die Schnitte in der DNA und fügen das Insulin-Gen ins Plasmid ein.

EINGESETZTES MODIFIZIERTES GEN

Bakterienzellen werden bei hohen Temperaturen »geschockt«, damit sie die genetisch modifizierten Plasmide aufnehmen, die die »fremden« Insulin-Gene tragen.

INSULINFABRIKEN

Die Bakterien werden in großer Zahl im Labor kultiviert.

GEWÜNSCHTE PRODUKTE

Das gewonnene Insulin ist mit dem identisch, das die menschliche Bauchspeicheldrüse erzeugt.

VEHIKEL FÜR VERÄNDERUNG

Plasmide sind kleine DNA-Ringe, die in der Natur in Bakterien, Archaeen und einigen Pilzen vorkommen. Sie werden in der Gentechnik benutzt, um Gene von einem Organismus zum anderen zu transportieren. Sie können Gene in Bakterienzellen einschleusen (siehe S. 146–147), aber auch in Pflanzen- oder Tierzellen. Plasmide sind aber nicht die einzigen von Genetikern benutzten Vektoren. Viren und Liposomen können ebenfalls eingesetzt werden, um Pflanzen und Tiere zu manipulieren: um ihren Ertrag zu steigern oder die Widerstandsfähigkeit gegen Krankheiten zu erhöhen.

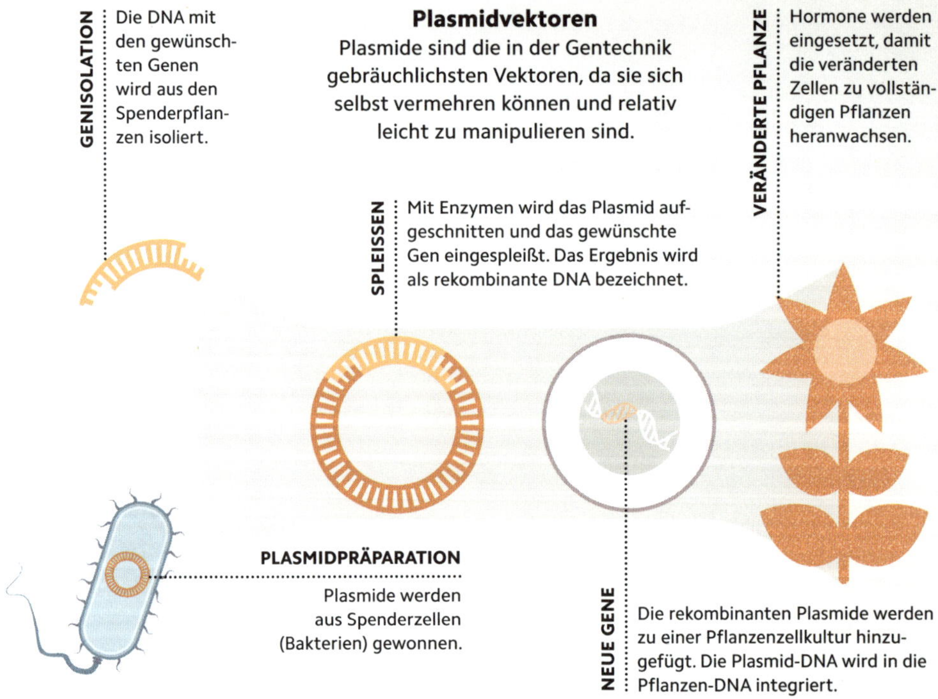

Virale Vektoren

Viren vermehren sich, indem sie ihr genetisches Material in eine Zelle einschleusen. Man nutzt diese Eigenschaft, indem man Viren bestimmte DNA-Pakete übertragen lässt. Die benutzten Viren sind modifiziert, sodass sie keine Krankheiten verursachen können.

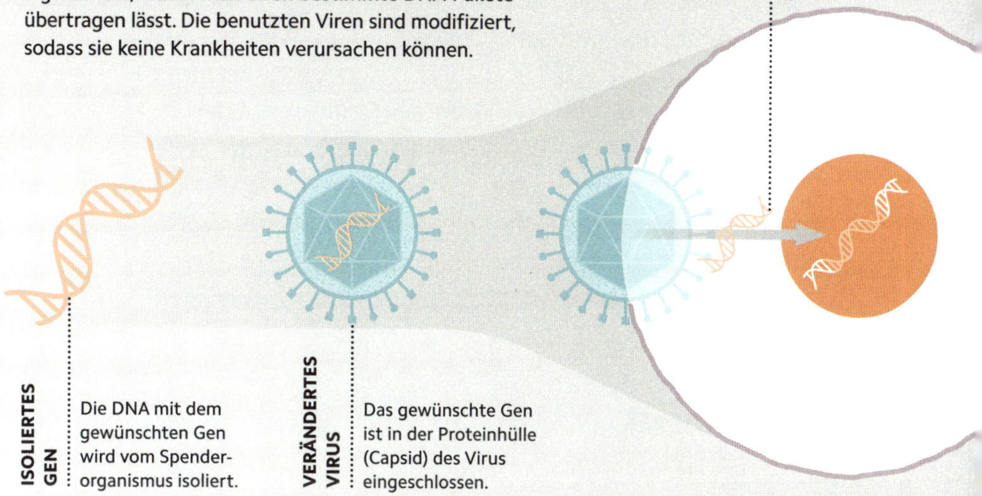

Liposomvektoren

Liposomen sind winzige Kugeln, die von einer aus Lipiden bestehenden Membran umgeben sind. Sie können die Fette enthaltenden Zellmembranen passieren und ihren Inhalt ins Innere transportieren.

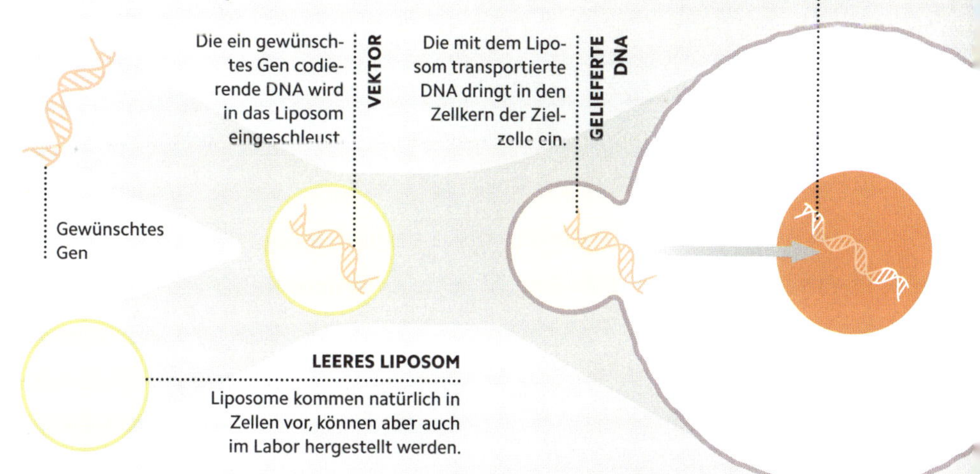

WEITERGABE

An Keimzellen oder frühen Embryonen durchgeführte genetische Veränderungen werden von allen Körperzellen und auch von den Nachkommen geerbt. Sie werden als Keimbahntherapie bezeichnet. Wegen ethischer Bedenken sind sie beim Menschen in den meisten Ländern stark reglementiert. Die Genmanipulation somatischer Zellen ist die Basis der Gentherapie (rechte Seite). Somatische Modifikationen werden nicht vererbt und betreffen auch nur bestimmte Zelltypen.

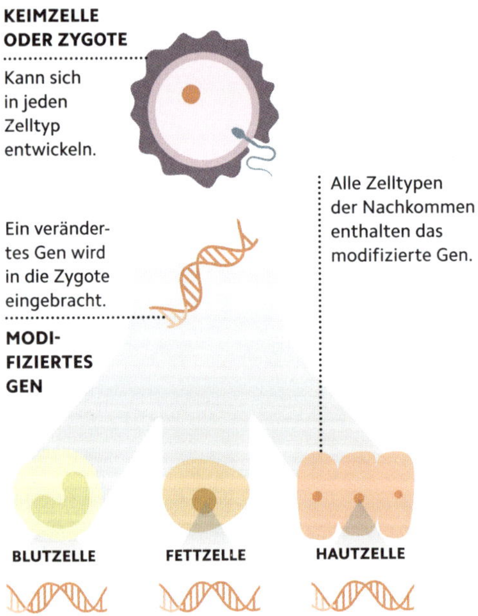

Keimbahntherapie
Hier wird ein Gen in die Zygote (befruchtete Eizelle) eingeschleust. Es wird an alle Zellen und jeden Zelltyp weitergegeben.

Somatische Gentherapie
Hier gelangt ein Gen in eine Stammzelle des Knochenmarks. Stammzellen können sich nur in bestimmte Zelltypen entwickeln.

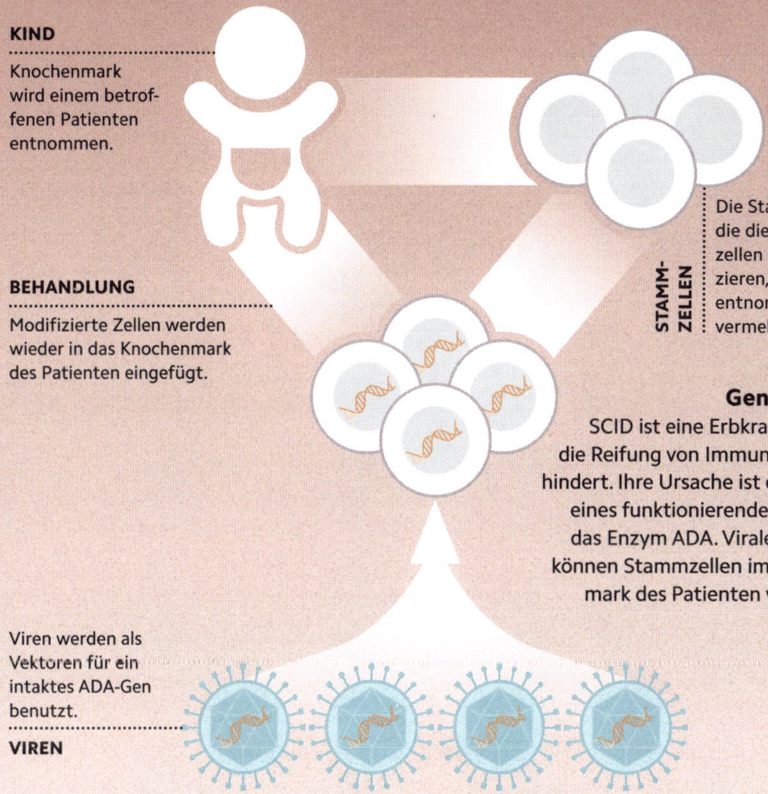

Gentherapie
SCID ist eine Erbkrankheit, die die Reifung von Immunzellen verhindert. Ihre Ursache ist das Fehlen eines funktionierenden Gens für das Enzym ADA. Virale Vektoren können Stammzellen im Knochenmark des Patienten verändern.

HEILENDE GENE

Bei der Gentherapie wird ein funktionierendes Gen in die Zellen eines von einer Erbkrankheit betroffenen Körperteils eingeschleust. Das Ziel können die Lungen sein (Behandlung von zystischer Fibrose) oder Stammzellen des Knochenmarks (Behandlung des schweren kombinierten Immundefekts, SCID). Eine alternative Strategie (Antisense-Therapie) zielt auf die Blockade der Fähigkeit der Zelle ab, RNA zur Codierung eines bestimmten Proteins zu erzeugen, um schädliche Gene (etwa Krebs auslösende) zu deaktivieren.

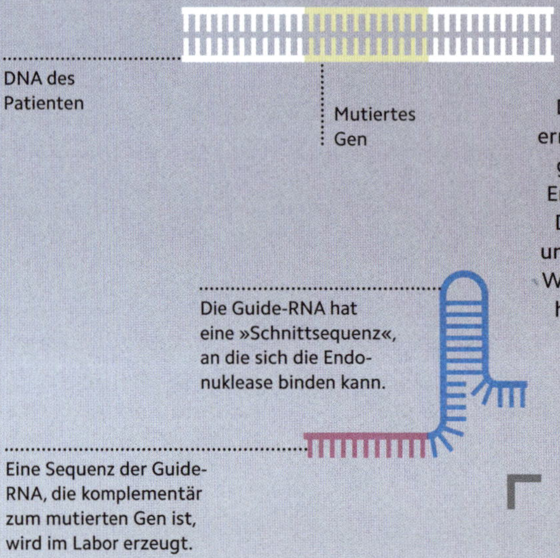

Akkurate Schnitte
Die CRISPR/Cas-Technologie ermöglicht die Veränderung des genetischen Codes. Sie kann Erbkrankheiten hervorrufende DNA-Mutationen korrigieren und Feldfrüchte mit verstärkter Widerstandskraft gegen Krankheiten und Dürren erzeugen.

> **Die CRISPR/Cas-Methode basiert auf einem Abwehrmechanismus von Bakterien.**

GENE VERÄNDERN

Die CRISPR/Cas-Methode ist eine ausgefeilte Gentechnologie, die schädliche Gene neutralisieren und sogar beschädigte reparieren kann. CRISPR bezieht sich auf DNA-Sequenzen in Bakterien, die sie zur Verteidigung gegen Viren nutzen. CRISPR-Sequenzen werden in RNA (siehe S. 90–91) transkribiert. In der Bakterienzelle leitet diese RNA als Endonukleasen bezeichnete Enzyme an, bestimmte Sequenzen der viralen DNA zu zerschneiden und so den Angreifer abzuwehren. Im Jahr 2012 haben Genetikerinnen einen Weg gefunden, CRISPR-RNA-Moleküle herzustellen, die Endonukleasen zu fast jeder gewünschten DNA-Sequenz führen können. Dies ist ein mächtiges Werkzeug, um DNA mit großer Präzision zu schneiden.

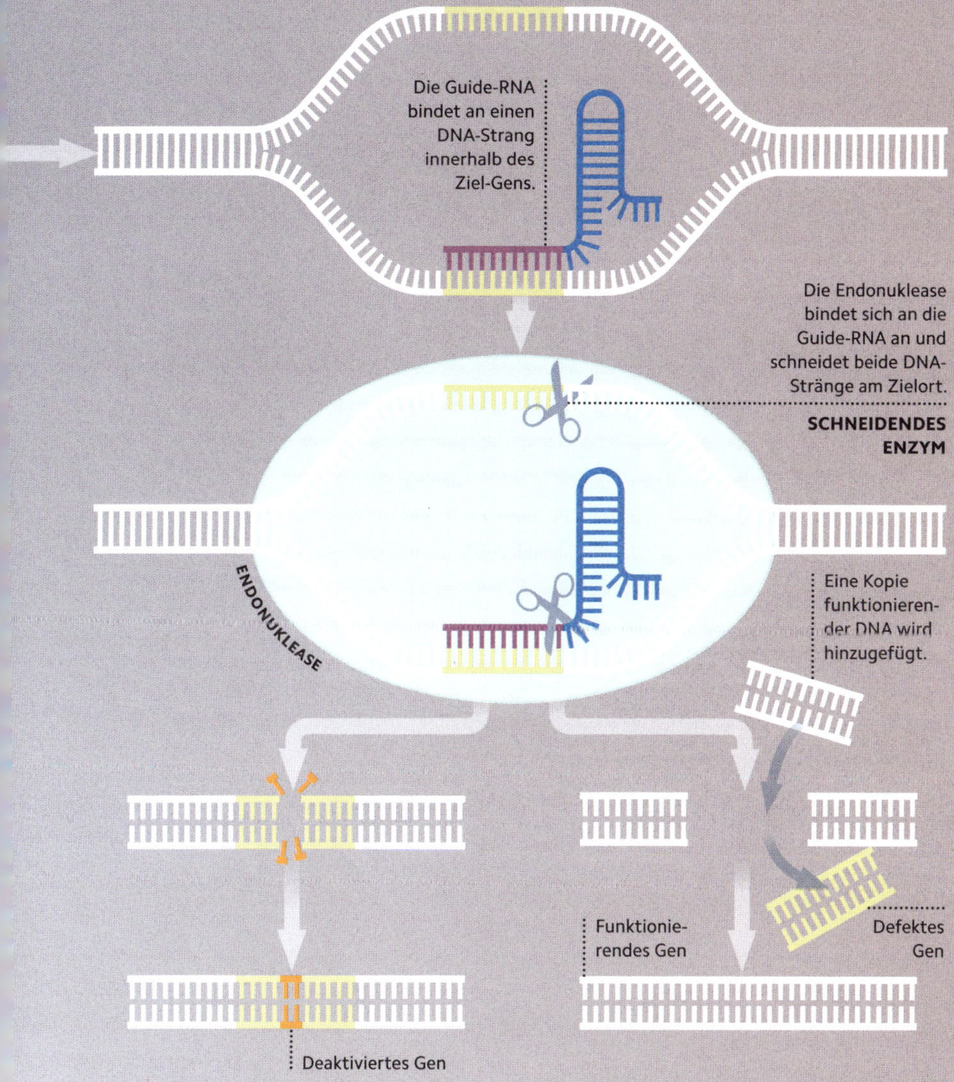

Unvollständige Reparatur
Ein einfacher Schnitt im mutierten Gen kann zu einer unvollständigen Reparatur und zu einer Ausschaltung der Mutation führen.

Perfekte Reparatur
Wenn funktionierende Kopien des Gens geliefert werden, kann die fehlerhafte DNA ausgetauscht werden.

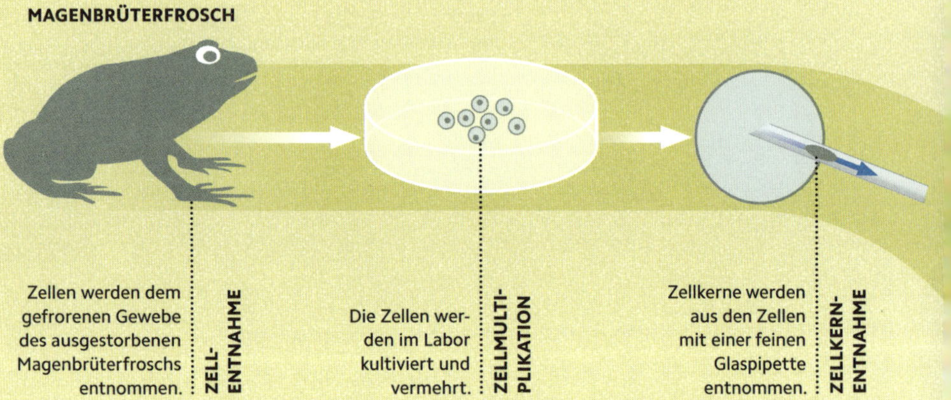

WIEDERAUFERSTEHUNG

Fortschritte in der Biotechnologie haben es ermöglicht, identische Kopien eines Elternteils aus somatischen Zellen heranzuziehen (siehe S. 150). Das Schaf Dolly war im Jahr 1996 das erste Säugetier, das mit einer als somatischer Zellkerntransfer (SCNT) bezeichneten Technik geklont wurde. Viele weitere Arten – von arktischen Wölfen bis zu Makaken – folgten. SCNT kann möglicherweise genutzt werden, um ausgestorbene Arten mithilfe ihrer konservierten Überreste auferstehen zu lassen, obwohl bisherige Versuche nie vollständig geglückt sind.

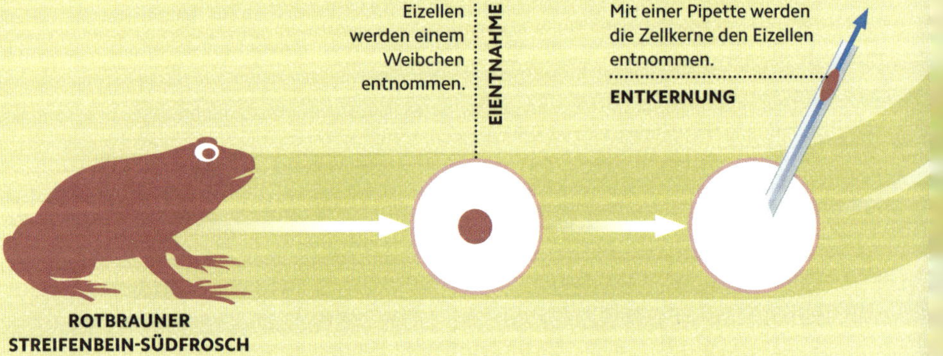

Somatischer Zellkerntransfer (SCNT)
Der australische Magenbrüterfrosch ist in den 1990er-Jahren ausgestorben. Wissenschaftler haben versucht, einen Frosch aus gefrorenem Gewebe wiederzuerwecken, indem sie DNA in eine Eizelle einer verwandten Art einsetzten, aus der der Zellkern entfernt worden war.

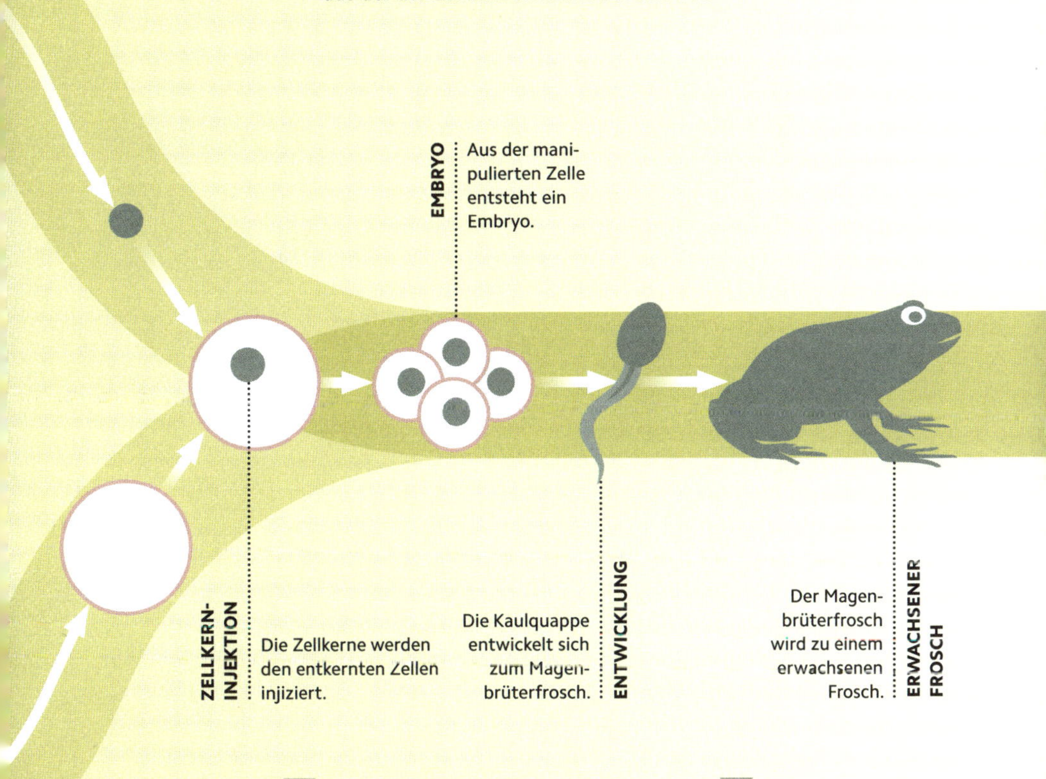

Im Jahr 2017 wurde mit dem Javaneraffen der erste Primat erfolgreich geklont.

REGISTER

Fett gedruckte Seitenzahlen weisen auf Haupteinträge hin.

E

F

G

H

IJ

K

L

M

NO

P

DANK

Der DK Verlag dankt den Folgenden für ihre Unterstützung bei diesem Buch: Christine Stroyan für das Lektorat, Katie John für das Korrekturlesen und Vanessa Bird für das Register.

Cover: *vorn* und *hinten:*
Shutterstock.com: Soleil Nordic

DK LONDON

Lektorat
Georgina Dee, Liz Gough, Marek Walisiewicz, Daniel Byrne, Gareth Jones

Gestaltung und Bildredaktion
Maxine Pedliham, Phil Ormerod, Luke Griffin, Clare Joyce, Phil Gamble, Daksheeta Pattni, Harish Aggarwal

Umschlaggestaltung
Juhi Sheth, Suhita Dharamjit, Priyanka Sharma Saddi

Herstellung
Robert Dunn, Nancy-Jane Maun, Raman Panwar, Tarun Sharma, Balwant Singh

Für die deutsche Ausgabe:
Projektbetreuung Carola Wiese
Herstellungskoordination Bianca Isack
Herstellung Stefanie Staat

Titel der englischen Originalausgabe:
Simply. Genetics

Übersetzung Michael Kokoscha
Lektorat Manuela Kupfer

ISBN 978-3-8310-5240-0
5902-345656-24067-01

Druck und Bindung TBB, a.s., Slowakei

MIX
Papier | Fördert gute Waldnutzung
FSC® C018179
www.fsc.org

www.dk-verlag.de

Ein Hinweis zu geschlechtlichen Identitäten
Der DK Verlag erkennt alle geschlechtlichen Identitäten an. Nach Möglichkeit wird im Buch eine gendergerechte Sprache berücksichtigt, sofern dies inhaltlich sinnvoll ist bzw. den historischen Fakten entspricht; stellenweise wird aus Platzgründen oder Gründen der besseren Lesbarkeit jedoch das generische Maskulinum verwendet.